#응용력 키우기
#응용문제 마스터

응용
해결의 법칙

Chunjae
Makes
Chunjae

▼

[응용 해결의 법칙] 초등 수학 4-2

기획총괄	김안나
편집개발	이근우, 서진호, 박웅, 김정민, 최경환
디자인총괄	김희정
표지디자인	윤순미, 여화경
내지디자인	박희춘, 이혜미
제작	황성진, 조규영

발행일	2023년 2월 15일 3판 2023년 2월 15일 1쇄
발행인	(주)천재교육
주소	서울시 금천구 가산로9길 54
신고번호	제2001-000018호
고객센터	1577-0902

모든 응용을
다 푸는
해결의 법칙

수학

4·2

학습 관리

1 메타인지 개념학습

메타인지 학습을 통해 개념을 얼마나 알고 있는지 확인하고 개념을 다질 수 있어요.

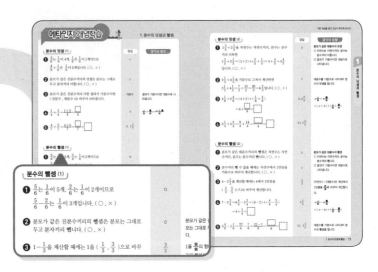

2 응용 개념 비법

응용 개념 비법에서 한 단계 더 나아간 심화 개념 설명을 익히고 교과서 개념으로 기본 개념을 확인할 수 있어요.

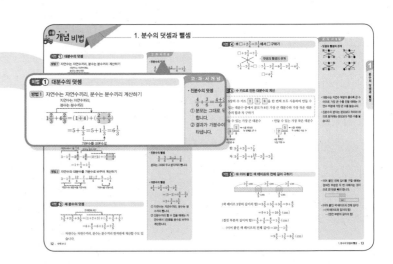

3 기본 유형 익히기

다양한 유형의 문제를 풀면서 개념을 완전히 내 것으로 만들어 보세요.

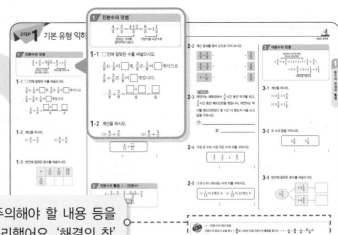

해결의 창 꼭 알아야 할 개념, 주의해야 할 내용 등을 아래에 '해결의 창'으로 정리했어요. '해결의 창'을 통해 문제 해결의 방법을 찾아보아요.

4 응용 유형 익히기

응용 유형 문제를 단계별로 푸는 연습을
통해 어려운 문제도 스스로 풀 수 있는
힘을 길러 줍니다.

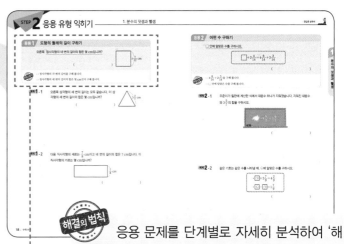

응용 문제를 단계별로 자세히 분석하여 '해
결의 법칙'으로 정리했어요. '해결의 법칙'을 통
해 한 단계 더 나아간 응용 문제를 풀어 보세요.

5 응용 유형 뛰어넘기

한 단계 더 나아간 심화 유형 문제를 풀
면서 수학 실력을 다져 보세요.

▶ 동영상 강의 제공

✚ 유사 문제 제공

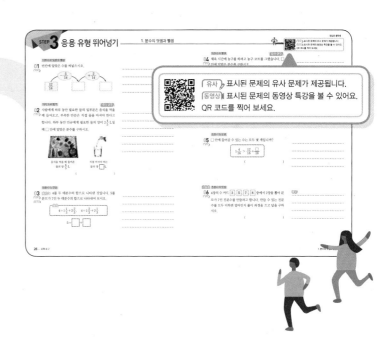

유사 표시된 문제의 유사 문제가 제공됩니다.
동영상 표시된 문제의 동영상 특강을 볼 수 있어요.
QR 코드를 찍어 보세요.

6 실력평가

실력평가를 풀면서 앞에서 공부한 내용
을 정리해 보세요. 학교 시험에 잘 나오
는 유형과 좀 더 난이도가 높은 문제까
지 수록하여 확실하게 유형을 정복할 수
있어요.

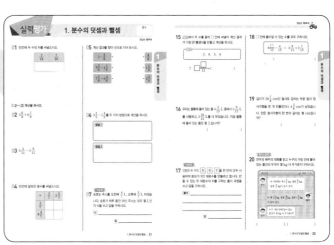

^{응용} 해결의 법칙_의 QR 활용법

▶ 동영상 강의

선생님의 더 자세한 설명을 듣고 싶거나
혼자 해결하기 어려운 문제는 교재 내 QR
코드를 통해 동영상 강의를 무료로 제공
하고 있어요.

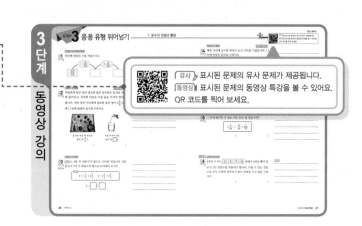

⚛ 유사 문제

3단계에서 비슷한 유형의 문제를 더 풀어
보고 싶다면 QR 코드를 찍어 보세요. 추
가로 제공되는 유사 문제를 풀면서 앞에
서 공부한 내용을 정리할 수 있어요.

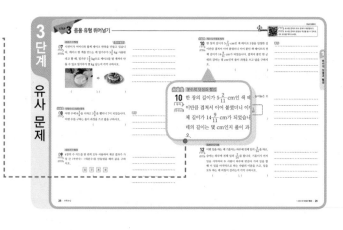

🏠 응용 해결의 법칙 3-1		
동영상	게임	유사문제
1 덧셈과 뺄셈		학습하기
2 평면도형		학습하기
3 나눗셈		학습하기
4 곱셈		학습하기
5 길이와 시간		학습하기
6 분수와 소수		학습하기

해결의 법칙
이럴 때 필요해요!

우리 아이에게
수학 개념을
탄탄하게 해 주고
싶을 때

교과서 개념, 한 권으로 끝낸다!

개념을 쉽게 설명한 교재로 개념 동영상을 확인하면서 차근차근 실력을 쌓을 수 있어요. 교과서 내용을 충실히 익히면서 자신감을 가질 수 있어요.

개념이 어느 정도
갖춰진 우리 아이에게
공부 습관을
키워 주고싶을 때

기초부터 심화까지 몽땅 잡는다!

다양한 유형의 문제를 풀어 보도록 지도해 주세요. 이렇게 차근차근 유형을 익히며 수학 수준을 높일 수 있어요.

개념이 탄탄한
우리 아이에게
응용 문제로
수학 실력을 길러
주고 싶을 때

응용 문제는 내게 맡겨라!

수준 높고 다양한 유형의 문제를 풀어 보면서 성취감을 높일 수 있어요.

차례

1 분수의 덧셈과 뺄셈

진호가 지선이, 희완이와 함께 제주 올레를 여행하려고 제주도에 왔어요.
진호와 친구들은 얼마나 걸어야 하는지 알아볼까요?

진호와 친구들은 제주 올레 중 2코스를 걸어 보려고 해요. 진호와 친구들이 걸어야 할 거리는 어떻게 구할 수 있을까요?

광치기 해변   식산봉   오조리 성터   대수산봉 입구   말 방목장   혼인지   온평포구

대수산봉

온평포구

광치기 해변에서 대수산봉 입구까지의 거리는 $8\frac{5}{10}$ km래.

대수산봉 입구에서 온평포구까지의 거리는 $7\frac{7}{10}$ km라네.

그럼 우리는 얼마나 걸어야 하는 거야?

메타인지 개념학습

		정답	생각의 방향

분수의 덧셈 (1)

❶ $\frac{4}{6}$는 $\frac{1}{6}$이 4개, $\frac{1}{6}$은 $\frac{1}{6}$이 1개이므로

$\frac{4}{6}+\frac{1}{6}$은 $\frac{1}{6}$이 5개입니다. (○ , ×)

정답: ○

❷ 분모가 같은 진분수끼리의 덧셈은 분모는 그대로 두고 분자끼리 더합니다. (○ , ×)

정답: ○

❸ 분모가 같은 진분수끼리 더한 결과가 가분수이면 (진분수 , 대분수)로 바꾸어 나타냅니다.

정답: 대분수

생각의 방향: 결과가 가분수이면 대분수로 나타냅니다.

❹ $\frac{1}{4}+\frac{2}{4}=\frac{1+2}{4}=\frac{\square}{4}$

정답: 3

생각의 방향: $\frac{\blacktriangle}{\blacksquare}+\frac{\bullet}{\blacksquare}=\frac{\blacktriangle+\bullet}{\blacksquare}$

❺ $\frac{4}{7}+\frac{5}{7}=\frac{4+5}{7}=\frac{\square}{7}=\square$

정답: 9, $1\frac{2}{7}$

분수의 뺄셈 (1)

❶ $\frac{5}{6}$는 $\frac{1}{6}$이 5개, $\frac{2}{6}$는 $\frac{1}{6}$이 2개이므로

$\frac{5}{6}-\frac{2}{6}$는 $\frac{1}{6}$이 3개입니다. (○ , ×)

정답: ○

❷ 분모가 같은 진분수끼리의 뺄셈은 분모는 그대로 두고 분자끼리 뺍니다. (○ , ×)

정답: ○

❸ $1-\frac{1}{3}$을 계산할 때에는 1을 ($\frac{1}{3}$, $\frac{3}{3}$)(으)로 바꾸어 계산합니다.

정답: $\frac{3}{3}$

생각의 방향: 1을 $\frac{\blacksquare}{\blacksquare}$의 형태로 바꾸어 분수끼리의 뺄셈으로 계산합니다.

❹ $\frac{9}{10}-\frac{4}{10}=\frac{9-4}{10}=\frac{\square}{10}$

정답: 5

생각의 방향: $\frac{\blacktriangle}{\blacksquare}-\frac{\bullet}{\blacksquare}=\frac{\blacktriangle-\bullet}{\blacksquare}$

❺ $1-\frac{3}{7}=\frac{\square}{7}-\frac{3}{7}=\frac{\square-3}{7}=\frac{\square}{7}$

정답: 7, 7, 4

생각의 방향: $1-\frac{\blacktriangle}{\blacksquare}=\frac{\blacksquare}{\blacksquare}-\frac{\blacktriangle}{\blacksquare}=\frac{\blacksquare-\blacktriangle}{\blacksquare}$

분수의 덧셈 (2)

	정답	**생각의 방향**

❶ $1\frac{3}{5}+2\frac{1}{5}$ 을 자연수는 자연수끼리, 분수는 분수

끼리 더하면

$$1\frac{3}{5}+2\frac{1}{5}=(1+2)+(\frac{3}{5}+\frac{1}{5})=3+\frac{4}{5}=3\frac{4}{5}$$

입니다. (○ , ×)

정답: ○

분모가 같은 대분수의 덧셈
① 자연수는 자연수끼리, 분수는 분수끼리 더합니다.
② 결과가 가분수이면 대분수로 나타냅니다.

❷ $2\frac{1}{3}+4\frac{1}{3}$ 을 가분수로 고쳐서 계산하면

$$2\frac{1}{3}+4\frac{1}{3}=\frac{7}{3}+\frac{13}{3}=\frac{20}{3}=6\frac{2}{3}$$ 입니다. (○ , ×)

정답: ○

대분수를 가분수로 나타내어 분수의 덧셈을 합니다.

❸ $4\frac{1}{8}+2\frac{4}{8}=(4+2)+(\frac{1}{8}+\frac{4}{8})$

$$=6+\frac{\square}{8}=\square$$

정답: $5, 6\frac{5}{8}$

$$\bigstar\frac{\blacktriangle}{\blacksquare}+\blacklozenge\frac{\bullet}{\blacksquare}$$
$$=(\bigstar+\blacklozenge)+(\frac{\blacktriangle}{\blacksquare}+\frac{\bullet}{\blacksquare})$$

❹ $2\frac{1}{4}+3\frac{2}{4}=\frac{9}{4}+\frac{14}{4}=\frac{\square}{4}=\square$

정답: $23, 5\frac{3}{4}$

분수의 뺄셈 (2)

❶ 분모가 같은 대분수끼리의 뺄셈은 자연수는 자연수끼리, 분수는 분수끼리 뺍니다. (○ , ×)

정답: ○

분모가 같은 대분수의 뺄셈
① 자연수는 자연수끼리, 분수는 분수끼리 뺍니다.
② 결과가 가분수이면 대분수로 나타냅니다.

❷ 분수끼리 뺄 수 없을 때에는 자연수에서 1만큼을 가분수로 바꾸어 계산합니다. (○ , ×)

정답: ○

❸ $4-2\frac{1}{3}$ 을 계산할 때에는 4에서 1만큼을

$(\frac{3}{3}, \frac{5}{5})$ (으)로 바꾸어 계산합니다.

정답: $\frac{3}{3}$

(자연수)−(대분수)의 계산에서 1만큼을 $\frac{\blacksquare}{\blacksquare}$로 바꾸어 계산합니다.

❹ $7-2\frac{3}{4}=6\frac{4}{4}-2\frac{3}{4}=(6-2)+(\frac{4}{4}-\frac{3}{4})$

$$=4+\frac{1}{4}=\square$$

정답: $4\frac{1}{4}$

$$\bigstar\frac{\blacktriangle}{\blacksquare}-\blacklozenge\frac{\bullet}{\blacksquare}$$
$$=(\bigstar-\blacklozenge)+(\frac{\blacktriangle}{\blacksquare}-\frac{\bullet}{\blacksquare})$$

❺ $3\frac{4}{6}-1\frac{1}{6}=\frac{22}{6}-\frac{7}{6}=\frac{22-7}{6}=\frac{\square}{6}=\square$

정답: $15, 2\frac{3}{6}$

대분수를 가분수로 나타내어 분수의 뺄셈을 합니다.

1

분수의 덧셈과 뺄셈

비법 ① 대분수의 덧셈

방법 1 자연수는 자연수끼리, 분수는 분수끼리 계산하기

자연수는 자연수끼리, 분수는 분수끼리

$$1\frac{2}{3}+4\frac{2}{3}=(1+4)+\left(\frac{2}{3}+\frac{2}{3}\right)$$
$$=5+\frac{4}{3}=5+1\frac{1}{3}=6\frac{1}{3}$$

가분수를 대분수로

방법 2 대분수를 가분수로 바꾸어 계산하기

$$1\frac{2}{3}+4\frac{2}{3}=\frac{5}{3}+\frac{14}{3}=\frac{5+14}{3}=\frac{19}{3}=6\frac{1}{3}$$

대분수를 가분수로 　　가분수를 대분수로

비법 ② 자연수와 대분수의 뺄셈

방법 1 자연수에서 1을 ▇로 나타내어 구하기

자연수에서 1을 $\frac{4}{4}$로 　자연수는 자연수끼리, 분수는 분수끼리

$$3-1\frac{3}{4}=2\frac{4}{4}-1\frac{3}{4}=(2-1)+\left(\frac{4}{4}-\frac{3}{4}\right)$$
$$=1+\frac{1}{4}=1\frac{1}{4}$$

방법 2 자연수와 대분수를 가분수로 바꾸어 계산하기

$$3-1\frac{3}{4}=\frac{12}{4}-\frac{7}{4}=\frac{12-7}{4}=\frac{5}{4}=1\frac{1}{4}$$

자연수와 대분수를 가분수로 　가분수를 대분수로

비법 ③ 세 분수의 덧셈

한꺼번에 계산

$$1\frac{4}{5}+2\frac{3}{5}+3\frac{1}{5}=(1+2+3)+\left(\frac{4}{5}+\frac{3}{5}+\frac{1}{5}\right)$$
$$=6+\frac{8}{5}=6+1\frac{3}{5}=7\frac{3}{5}$$

⇨ 자연수는 자연수끼리, 분수는 분수끼리 한꺼번에 계산할 수도 있습니다.

교·과·서 개념

· 진분수의 덧셈

$$\frac{4}{6}+\frac{3}{6}=\frac{4+3}{6}=\frac{7}{6}=1\frac{1}{6}$$

① 분모는 그대로 두고 분자끼리 더합니다.
② 결과가 가분수이면 대분수로 나타냅니다.

· 대분수의 덧셈

$$4\frac{1}{5}+1\frac{3}{5}=(4+1)+\left(\frac{1}{5}+\frac{3}{5}\right)$$
$$=5+\frac{4}{5}=5\frac{4}{5}$$

① 자연수는 자연수끼리, 분수는 분수끼리 더합니다.
② 결과가 가분수이면 대분수로 나타냅니다.

· 진분수의 뺄셈

$$\frac{5}{6}-\frac{3}{6}=\frac{5-3}{6}=\frac{2}{6}$$

분모는 그대로 두고 분자끼리 뺍니다.

· 대분수의 뺄셈

$$6\frac{1}{4}-2\frac{2}{4}=5\frac{5}{4}-2\frac{2}{4}$$
$$=(5-2)+\left(\frac{5}{4}-\frac{2}{4}\right)$$
$$=3+\frac{3}{4}=3\frac{3}{4}$$

① 자연수는 자연수끼리, 분수는 분수끼리 뺍니다.
② 진분수끼리 뺄 수 없을 때에는 자연수에서 1만큼을 분수로 바꾸어 계산합니다.

비법 ④ 예 $\square + 2\frac{3}{4} = 7\frac{1}{4}$ 에서 $\square$ 구하기

$$\square + 2\frac{3}{4} = 7\frac{1}{4}$$

덧셈과 뺄셈의 관계

$$7\frac{1}{4} - 2\frac{3}{4} = \square \Rightarrow 7\frac{1}{4} - 2\frac{3}{4} = 6\frac{5}{4} - 2\frac{3}{4} = 4\frac{2}{4},$$

$$\square = 4\frac{2}{4}$$

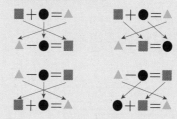
비법 ⑤ 수 카드로 만든 대분수의 계산

예 3장의 수 카드 [2], [5], [8] 을 한 번씩 모두 사용하여 만들 수 있는 대분수 중에서 분모가 8인 가장 큰 대분수와 가장 작은 대분수의 합과 차 구하기

• 만들 수 있는 가장 큰 대분수

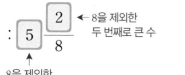
← 8을 제외한 두 번째로 큰 수

↑ 8을 제외한 가장 큰 수

• 만들 수 있는 가장 작은 대분수

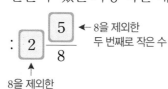
← 8을 제외한 두 번째로 작은 수

↑ 8을 제외한 가장 작은 수

⇨ 합: $5\frac{2}{8} + 2\frac{5}{8} = 7\frac{7}{8}$

　차: $5\frac{2}{8} - 2\frac{5}{8} = 4\frac{10}{8} - 2\frac{5}{8} = 2\frac{5}{8}$

• 대분수는 자연수 부분이 클수록 큰 수이므로 가장 큰 수를 만들 때에는 자연수 부분에 가장 큰 수를 놓습니다.

• 진분수의 분자는 분모보다 작아야 하므로 분자에는 분모보다 작은 수를 놓습니다.

비법 ⑥ 예 이어 붙인 색 테이프의 전체 길이 구하기

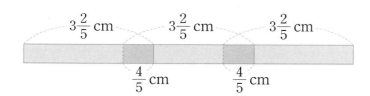

$3\frac{2}{5}$ cm　　$3\frac{2}{5}$ cm　　$3\frac{2}{5}$ cm

$\frac{4}{5}$ cm　　$\frac{4}{5}$ cm

(색 테이프 3장의 길이의 합) $= 3\frac{2}{5} + 3\frac{2}{5} + 3\frac{2}{5} = 9 + \frac{6}{5}$

$$= 9 + 1\frac{1}{5} = 10\frac{1}{5} \text{ (cm)}$$

(겹친 부분의 길이의 합) $= \frac{4}{5} + \frac{4}{5} = \frac{8}{5} = 1\frac{3}{5} \text{ (cm)}$

⇨ (이어 붙인 색 테이프의 전체 길이) $= 10\frac{1}{5} - 1\frac{3}{5}$

$$= 9\frac{6}{5} - 1\frac{3}{5} = 8\frac{3}{5} \text{ (cm)}$$

• 이어 붙인 전체 길이를 구할 때에는 겹쳐진 부분은 두 번 더해지는 것이므로 한 번은 빼야 합니다.

• (이어 붙인 색 테이프의 전체 길이)
= (색 테이프의 길이의 합)
－ (겹친 부분의 길이의 합)

STEP 1 기본 유형 익히기

1 진분수의 덧셈

$$\frac{4}{5} + \frac{2}{5} = \frac{4+2}{5} = \frac{6}{5} = 1\frac{1}{5}$$

분모는 그대로, 분자끼리 더하기 — 가분수를 대분수로

1-1 □ 안에 알맞은 수를 써넣으시오.

$\frac{2}{8}$는 $\frac{1}{8}$이 □ 개, $\frac{3}{8}$은 $\frac{1}{8}$이 □ 개이므로

$\frac{2}{8} + \frac{3}{8}$은 $\frac{1}{8}$이 □ 개입니다.

⇨ $\frac{2}{8} + \frac{3}{8} = \dfrac{□ + □}{8} = \dfrac{□}{8}$

1-2 계산을 하시오.

(1) $\frac{4}{7} + \frac{2}{7}$

(2) $\frac{8}{9} + \frac{5}{9}$

1-3 빈칸에 알맞은 분수를 써넣으시오.

+	$\frac{3}{11}$	$\frac{5}{11}$	$\frac{10}{11}$
$\frac{2}{11}$			

1-4 계산을 바르게 한 친구의 이름을 쓰시오.

- 종훈: $\frac{3}{6} + \frac{2}{6} = \frac{5}{12}$
- 은빈: $\frac{5}{12} + \frac{3}{12} = \frac{8}{12}$

(   )

창의·융합

1-5 경상남도 통영의 특산물인 나전칠기에는 조개껍데기와 소라껍데기가 사용됩니다. 나전칠기를 만드는 데 사용한 두 껍데기의 무게는 모두 몇 kg입니까?

조개껍데기 $\frac{8}{15}$ kg

소라껍데기 $\frac{14}{15}$ kg

(   )

1-6 다음 덧셈의 계산 결과는 진분수입니다. 1부터 9까지의 수 중에서 □ 안에 들어갈 수 있는 수는 모두 몇 개입니까?

$$\frac{6}{11} + \frac{□}{11}$$

(   )

2 진분수의 뺄셈, 1 − (진분수)

$$1 - \frac{3}{5} = \frac{5}{5} - \frac{3}{5} = \frac{5-3}{5} = \frac{2}{5}$$

1을 $\frac{5}{5}$로 — 분모는 그대로, 분자끼리 빼기

2-1 계산을 하시오.

(1) $\frac{8}{10} - \frac{5}{10}$

(2) $1 - \frac{3}{8}$

2-2 계산 결과를 찾아 선으로 이어 보시오.

$\dfrac{5}{9}-\dfrac{1}{9}$ •　　　• $\dfrac{2}{9}$

$\dfrac{8}{9}-\dfrac{3}{9}$ •　　　• $\dfrac{4}{9}$

$1-\dfrac{7}{9}$ •　　　• $\dfrac{5}{9}$

서술형

2-3 재연이는 체육관에서 $\dfrac{5}{6}$시간 동안 탁구를 하고, $\dfrac{4}{6}$시간 동안 배드민턴을 했습니다. 재연이는 탁구를 배드민턴보다 몇 시간 더 했는지 식을 쓰고 답을 구하시오.

식 _____

답 _____

2-4 가장 큰 수와 가장 작은 수의 차를 구하시오.

$$\dfrac{4}{7} \quad \dfrac{2}{7} \quad 1 \quad \dfrac{6}{7}$$

(　　　　　)

2-5 ㉠과 ㉡이 나타내는 수의 차를 구하시오.

㉠ $\dfrac{1}{13}$이 9개인 수　㉡ $\dfrac{1}{13}$이 12개인 수

(　　　　　)

---

3 **대분수의 덧셈**

자연수는 자연수끼리,
분수는 분수끼리

$$1\dfrac{2}{4}+1\dfrac{3}{4}=(1+1)+\left(\dfrac{2}{4}+\dfrac{3}{4}\right)$$
$$=2+\dfrac{5}{4}=2+1\dfrac{1}{4}=3\dfrac{1}{4}$$

가분수를 대분수로

3-1 계산을 하시오.

(1) $2\dfrac{1}{6}+1\dfrac{4}{6}$

(2) $3\dfrac{2}{8}+1\dfrac{7}{8}$

3-2 두 수의 합을 구하시오.

$$5\dfrac{4}{9} \qquad 2\dfrac{7}{9}$$

(　　　　　)

3-3 빈칸에 알맞은 분수를 써넣으시오.

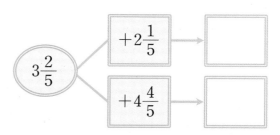

 • 1−(진분수)의 계산 방법

진분수의 분모가 ■일 때 $1=\dfrac{■}{■}$로 나타낸 다음 진분수의 뺄셈을 합니다. ⇨ $1-\dfrac{▲}{■}=\dfrac{■}{■}-\dfrac{▲}{■}=\dfrac{■-▲}{■}$

3-4 $3\frac{5}{7}+5\frac{4}{7}$ 를 두 가지 방법으로 계산을 하시오.

방법 1

방법 2

3-5 현우네 가족이 주말 농장에서 캔 감자와 고구마의 무게가 다음과 같습니다. 현우네 가족이 캔 감자와 고구마의 무게는 모두 몇 kg입니까?

감자
$3\frac{5}{17}$ kg

고구마
$4\frac{9}{17}$ kg

( )

서술형

3-6 다음 대분수 중에서 2개를 골라 합이 가장 큰 덧셈식을 만들어 계산하려고 합니다. 풀이 과정을 쓰고 답을 구하시오.

$1\frac{4}{9}$ $3\frac{5}{9}$ $2\frac{7}{9}$ $3\frac{8}{9}$ $2\frac{1}{9}$

풀이 _____

_____

_____

답 _____

4 대분수의 뺄셈 (1)

$$3\frac{4}{8}-1\frac{1}{8}=(3-1)+\left(\frac{4}{8}-\frac{1}{8}\right)$$

자연수는 자연수끼리,
분수는 분수끼리 $=2+\frac{3}{8}=2\frac{3}{8}$

4-1 두 분수의 차를 구하시오.

$3\frac{1}{6}$ $7\frac{5}{6}$

( )

창의·융합

4-2 다음 뉴스를 읽고 오늘 최고 기온과 최저 기온의 차를 구하시오.

천재일보

20××년 ××월 ××일

막바지 더위가 계속 되는 가운데 오늘 최저 기온은 $25\frac{4}{10}$ °C 이고, 최고 기온은 $34\frac{7}{10}$ °C 까지 오르겠습니다.

( )

4-3 계산 결과가 $1\frac{2}{7}$ 인 칸에 색칠하시오.

$3\frac{6}{7}-1\frac{4}{7}$	$2\frac{5}{7}-1\frac{2}{7}$
$6\frac{5}{7}-5\frac{1}{7}$	$4\frac{4}{7}-3\frac{2}{7}$

5 대분수의 뺄셈 (2)

$$3\frac{2}{6}-1\frac{3}{6}=2\frac{8}{6}-1\frac{3}{6}$$

자연수에서
1만큼을
가분수로 $=(2-1)+\left(\frac{8}{6}-\frac{3}{6}\right)$

$$=1+\frac{5}{6}=1\frac{5}{6}$$

5-1 계산을 하시오.

(1) $4-1\frac{2}{5}$

(2) $9\frac{3}{7}-2\frac{5}{7}$

5-2 빈칸에 알맞은 수를 써넣으시오.

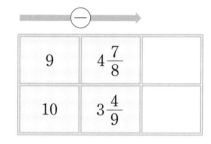

9	$4\frac{7}{8}$
10	$3\frac{4}{9}$

5-3 계산 결과의 크기를 비교하여 ◯ 안에 >, =, <를 알맞게 써넣으시오.

$$8\frac{5}{11}-3\frac{7}{11} \quad \bigcirc \quad 7\frac{2}{11}-2\frac{6}{11}$$

5-4 규하가 수영, 자전거, 달리기를 이어서 경주하는 철인 3종 경기에 대하여 조사하였습니다. 달리기를 하는 거리는 수영을 하는 거리보다 몇 km 더 깁니까?

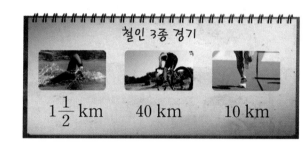

철인 3종 경기

$1\frac{1}{2}$ km   40 km   10 km

(   )

5-5 수지네 가게에서 $5\frac{1}{8}$ kg의 딸기 중 $3\frac{6}{8}$ kg을 팔았습니다. 수지네 가게에 남은 딸기는 몇 kg입니까?

(   )

5-6 지훈이의 계산이 **틀린** 이유를 설명하시오.

$5\frac{1}{3}-1\frac{2}{3}$ 를 이렇게 계산했는데 어디가 틀렸는지 설명해 줘~!

$$5\overset{4}{\frac{1}{3}}-1\frac{2}{3}=4\frac{2}{3}$$

지훈

이유 _____

_____

_____

· 분모가 같은 대분수의 덧셈과 뺄셈

방법 1 자연수는 자연수끼리, 분수는 분수끼리 계산하고 분수 부분의 결과가 가분수이면 대분수로 나타냅니다.

방법 2 대분수를 가분수로 나타낸 다음 분자끼리 계산하고 결과를 대분수로 나타냅니다.

응용 1   도형의 둘레의 길이 구하기

오른쪽⁽²⁾ 정사각형의 네 변의 길이의 합은 몇 cm입니까?

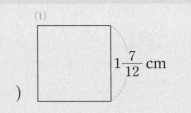

(   )

(1) 정사각형의 각 변의 길이를 구해 봅니다.

(2) 정사각형의 네 변의 길이의 합은 몇 cm인지 구해 봅니다.

예제 1 - 1   오른쪽 삼각형의 세 변의 길이는 모두 같습니다. 이 삼각형의 세 변의 길이의 합은 몇 cm입니까?

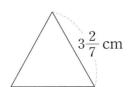

(   )

예제 1 - 2   다음 직사각형의 세로는 $\frac{7}{8}$ cm이고 네 변의 길이의 합은 7 cm입니다. 이 직사각형의 가로는 몇 cm입니까?

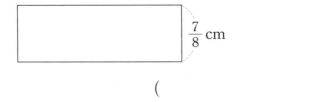

(   )

응용 2 어떤 수 구하기

⁽²⁾□ 안에 알맞은 수를 구하시오.

$$□+2\frac{4}{14}\overset{(1)}{=}4\frac{6}{14}+2\frac{3}{14}$$

( )

 ⁽¹⁾ $4\frac{6}{14}+2\frac{3}{14}$ 을 구해 봅니다.

⁽²⁾ □ 안에 알맞은 수를 구해 봅니다.

예제 2-1 우준이가 칠판에 계산한 식에서 대분수 하나가 지워졌습니다. 지워진 대분수와 $3\frac{5}{7}$의 합을 구하시오.

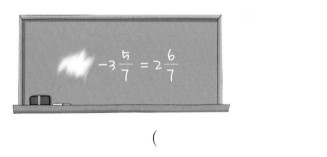

( )

예제 2-2 같은 기호는 같은 수를 나타낼 때, ㉡에 알맞은 수를 구하시오.

· $㉠+2\frac{7}{9}=4\frac{2}{9}$

· $㉡-㉠=1\frac{7}{9}$

( )

응용 3 □ 안에 들어갈 수 있는 수 구하기

⁽²⁾□ 안에 들어갈 수 있는 수를 모두 구하시오.

$$\frac{3}{4}+\frac{\square}{4}<\overset{(1)}{1\frac{3}{4}}$$

( )

(1) $1\frac{3}{4}$을 가분수로 고쳐 봅니다.

(2) □ 안에 들어갈 수 있는 수를 구해 봅니다.

예제 3-1 □ 안에 들어갈 수 있는 수를 모두 구하시오. (단, $\frac{\square}{7}$는 진분수입니다.)

$$1<\frac{4}{7}+\frac{\square}{7}$$

( )

예제 3-2 □ 안에 들어갈 수 있는 수는 모두 몇 개인지 구하시오.

$$1<\frac{5}{9}+\frac{\square}{9}<2$$

( )

1

분수의 덧셈과 뺄셈

응용 4 조건에 알맞은 분수 구하기

$^{(1)}$분모가 8인 진분수 중에서 /$^{(2)}$합이 $\dfrac{7}{8}$이고 차가 $\dfrac{5}{8}$인 두 진분수를 구하시오.

(   )

(1) 분모가 8인 진분수를 알아봅니다.

(2) 조건에 맞는 두 진분수를 구해 봅니다.

예제 4-1   분모가 11인 진분수 중에서 합이 1이고 차가 $\dfrac{3}{11}$인 두 진분수를 구하시오.

(   )

예제 4-2   분모가 13인 대분수 중에서 $1\dfrac{5}{13}$보다 작은 모든 대분수들의 합을 구하시오.

(   )

예제 4-3   분모가 9인 두 가분수의 합이 $2\dfrac{5}{9}$인 덧셈식을 모두 쓰시오.

(단, $\dfrac{\blacksquare}{9}+\dfrac{\blacktriangle}{9}$와 $\dfrac{\blacktriangle}{9}+\dfrac{\blacksquare}{9}$는 한 가지로 생각합니다.)

(   )

응용5 바르게 계산한 값 구하기

(2) 어떤 수에서 / (1) $2\frac{1}{5}$을 빼야 할 것을 잘못하여 더하였더니 $6\frac{4}{5}$가 되었습니다. / (3) 바르게 계산한 값을 구하시오.

( )

(1) 어떤 수를 □라 하고 잘못 계산한 식을 세워 봅니다.

(2) 어떤 수를 구해 봅니다.

(3) 바르게 계산한 값을 구해 봅니다.

예제 **5**-1 어떤 수에서 $1\frac{7}{9}$을 빼야 할 것을 잘못하여 더하였더니 $5\frac{1}{9}$이 되었습니다. 바르게 계산한 값을 구하시오.

( )

먼저 어떤 수를 구해야 겠지?

맞아! 그 다음에 바르게 계산한 값을 구해 봐.

예제 **5**-2 어떤 수에 $3\frac{6}{8}$을 더해야 할 것을 잘못하여 빼었더니 $4\frac{3}{8}$이 되었습니다. 바르게 계산한 값을 구하시오.

( )

예제 **5**-3 6에서 어떤 수를 빼야 할 것을 잘못하여 $6\frac{3}{4}$과 어떤 수를 더하였더니 $9\frac{2}{4}$가 되었습니다. 바르게 계산한 값을 구하시오.

( )

응용 6 **이어 붙여 만든 색 테이프의 전체 길이 구하기**

(1) 한 장의 길이가 2 cm인 색 테이프 3장을 / (2) $\frac{3}{7}$ cm씩 겹쳐서 이어 붙였습니다. / (3) 이어

붙여 만든 색 테이프의 전체 길이는 몇 cm입니까?

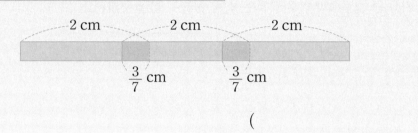

(   )

(1) 색 테이프 3장의 길이의 합을 구해 봅니다.

(2) 겹치는 부분의 길이의 합을 구해 봅니다.

(3) 이어 붙여 만든 색 테이프의 전체 길이를 구해 봅니다.

예제 6 - 1 한 장의 길이가 3 cm인 색 테이프 3장을 $\frac{5}{9}$ cm씩 겹쳐서 이어 붙였습니

다. 이어 붙여 만든 색 테이프의 전체 길이는 몇 cm입니까?

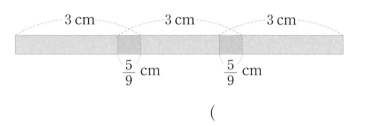

(   )

예제 6 - 2 두 사람의 대화를 보고 □ 안에 알맞은 수를 구하시오.

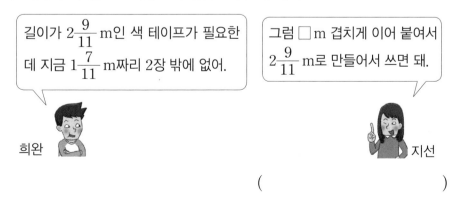

길이가 $2\frac{9}{11}$ m인 색 테이프가 필요한데 지금 $1\frac{7}{11}$ m짜리 2장 밖에 없어.

그럼 □ m 겹치게 이어 붙여서 $2\frac{9}{11}$ m로 만들어서 쓰면 돼.

희완   지선

(   )

응용 7 수 카드로 만든 분수의 계산

5장의 수 카드 중에서 2장을 뽑아 분모가 9인 진분수를 만들려고 합니다. 만들 수 있는 ⁽¹⁾가장 큰 진분수와 ⁽²⁾가장 작은 진분수의 ⁽³⁾합을 구하시오.

| 3 | 5 | 8 | 9 | 4 |

(   )

(1) 만들 수 있는 가장 큰 진분수를 구해 봅니다.

(2) 만들 수 있는 가장 작은 진분수를 구해 봅니다.

(3) (1)과 (2)에서 구한 두 진분수의 합을 구해 봅니다.

예제 7 - 1 소미의 친구들이 들고 있는 수 모형 5개 중에서 3개를 뽑아 분모가 9인 대분수를 만들려고 합니다. 만들 수 있는 가장 큰 대분수와 가장 작은 대분수의 합을 구하시오.

5 6 7 8 9

(   )

예제 7 - 2 4장의 수 카드 [2], [8], [5], [7]을 한 번씩 모두 사용하여 분모가 8인 대분수를 만들려고 합니다. 만들 수 있는 가장 큰 대분수와 가장 작은 대분수의 차를 구하시오.

(   )

응용 8 일을 하는 데 걸리는 시간 구하기

(1)어떤 일을 하는 데 하루 동안 수영이는 전체 일의 $\frac{1}{8}$을 하고, 태윤이는 전체 일의 $\frac{3}{8}$을 한다고 합니다. /(2)이 일을 두 사람이 함께 한다면 일을 끝내는 데 며칠이 걸리겠습니까?

(단, 하루에 하는 일의 양은 일정합니다.)

( )

(1) 두 사람이 함께 하루에 하는 일의 양은 전체의 얼마인지 구해 봅니다.

(2) 두 사람이 함께 일을 끝내는 데 며칠이 걸리는지 구해 봅니다.

예제 8 - 1 어떤 일을 하는 데 하루 동안 현세는 전체 일의 $\frac{3}{15}$을 하고 유정이는 전체 일의 $\frac{2}{15}$를 한다고 합니다. 이 일을 두 사람이 함께 한다면 일을 끝내는 데 며칠이 걸리겠습니까? (단, 하루에 하는 일의 양은 일정합니다.)

( )

예제 8 - 2

윤호가 하는 일의 양은 전체의 얼마만큼인지 알아보자!

전체 일의 양 1에서 윤호가 4일 동안 한 일의 양을 빼면 가은이가 할 일의 양이 나오지!

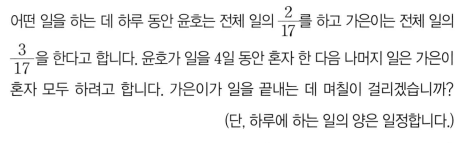

어떤 일을 하는 데 하루 동안 윤호는 전체 일의 $\frac{2}{17}$를 하고 가은이는 전체 일의 $\frac{3}{17}$을 한다고 합니다. 윤호가 일을 4일 동안 혼자 한 다음 나머지 일은 가은이 혼자 모두 하려고 합니다. 가은이가 일을 끝내는 데 며칠이 걸리겠습니까?

(단, 하루에 하는 일의 양은 일정합니다.)

( )

진분수의 덧셈과 뺄셈

01 빈칸에 알맞은 수를 써넣으시오.
(유사)

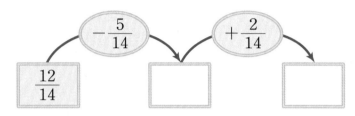

대분수의 뺄셈   **창의·융합**

02 사람에게 하루 동안 필요한 물의 일부분은 음식을 먹을
(유사) 때 들어오고, 부족한 만큼은 직접 물을 마셔야 한다고
합니다. 하루 동안 민규에게 필요한 물의 양이 $2\frac{4}{5}$ L일
때 ☐ 안에 알맞은 분수를 구하시오.

음식을 먹을 때 들어온
물의 양 $\frac{6}{5}$ L

직접 마셔야 하는
물의 양 ☐ L

(   )

대분수의 덧셈

03 보기 는 4를 두 대분수의 합으로 나타낸 것입니다. 5를
(유사) 분모가 7인 두 대분수의 합으로 나타내어 보시오.
(동영상)

> 보기
>
> $$4 = 1\frac{1}{3} + 2\frac{2}{3}, \quad 4 = 1\frac{2}{3} + 2\frac{1}{3}$$

$$5 = \boxed{} + \boxed{}$$

유사 표시된 문제의 유사 문제가 제공됩니다.
동영상 표시된 문제의 동영상 특강을 볼 수 있어요.
QR 코드를 찍어 보세요.

대분수의 뺄셈   창의·융합

04 체육 시간에 농구를 하려고 농구 코트를 그렸습니다. □
유사 안에 알맞은 분수를 구하시오.

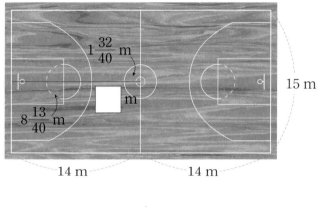

$1\frac{32}{40}$ m

15 m

$8\frac{13}{40}$ m

□ m

14 m   14 m

(   )

진분수의 덧셈

05 □ 안에 들어갈 수 있는 수는 모두 몇 개입니까?
유사

$$1\frac{4}{16} > \frac{12}{16} + \frac{□}{16}$$

(   )

서술형 진분수의 덧셈

06 4장의 수 카드 3 , 5 , 7 , 8 중에서 2장을 뽑아 분
유사 모가 7인 진분수를 만들려고 합니다. 만들 수 있는 진분
수를 모두 더하면 얼마인지 풀이 과정을 쓰고 답을 구하
시오.

(   )

풀이

대분수의 뺄셈 　　　　　　　　　창의·융합

07 시연이가 어머니와 함께 케이크 반죽을 만들고 있습니다. 케이크 한 개를 만드는 데 밀가루가 $3\frac{3}{5}$ kg 사용된다고 할 때, 밀가루 $7\frac{2}{5}$ kg으로 케이크를 몇 개까지 만들 수 있고 밀가루가 몇 kg 남는지 각각 구하시오.

유사
동영상

(　　　　　　　), (　　　　　　　)

서술형 대분수의 덧셈과 뺄셈

08 어떤 수에 $6\frac{3}{8}$을 더하고 $2\frac{6}{8}$을 뺐더니 7이 되었습니다. 어떤 수를 구하는 풀이 과정을 쓰고 답을 구하시오.

유사

(　　　　　　　)

풀이

대분수의 뺄셈

09 4장의 수 카드를 한 번씩 모두 사용하여 계산 결과가 가장 큰 (자연수)−(대분수)를 만들었을 때의 값을 구하시오.

유사
동영상

| 6 | 7 | 8 | 9 |

(　　　　　　　)

유사 표시된 문제의 유사 문제가 제공됩니다.
동영상 표시된 문제의 동영상 특강을 볼 수 있어요.
QR 코드를 찍어 보세요.

서술형 분수의 덧셈과 뺄셈

10 한 장의 길이가 $5\frac{2}{11}$ cm인 색 테이프 3장을 일정한 길이만큼 겹쳐서 이어 붙였더니 이어 붙인 색 테이프의 전체 길이가 $14\frac{9}{11}$ cm가 되었습니다. 겹쳐서 붙인 한 군데의 길이는 몇 cm인지 풀이 과정을 쓰고 답을 구하시오.

유사
동영상

(   )

풀이

대분수의 덧셈

11 일정한 규칙에 따라 수를 늘어놓았습니다. 늘어놓은 모든 수들의 합을 구하시오.

유사
동영상

$$2, 2\frac{9}{10}, 3\frac{8}{10} \cdots\cdots 9\frac{2}{10}, 10\frac{1}{10}$$

(   )

진분수의 덧셈

12 어떤 일을 하는 데 기훈이는 하루에 전체 일의 $\frac{3}{24}$ 을 하고, 승아는 하루에 전체 일의 $\frac{2}{24}$ 를 합니다. 기훈이가 먼저 일을 시작하여 두 사람이 하루씩 번갈아 가며 일을 할 때 이 일을 마지막으로 하는 사람의 이름을 쓰고, 일을 모두 하는 데 며칠이 걸리는지 각각 구하시오.

유사
동영상

(   ), (   )

1

분수의 덧셈과 뺄셈

정답은 **8**쪽에

창의사고력

13 보기의 분수를 한 번씩 빈칸에 써넣어 가로줄과 세로줄에 놓은 세 분수의 합이 같게 되도록 만들어 보시오.

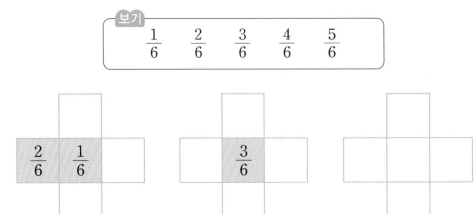

보기

$$\frac{1}{6} \qquad \frac{2}{6} \qquad \frac{3}{6} \qquad \frac{4}{6} \qquad \frac{5}{6}$$

창의사고력

14 기차가 고장나서 터널 안에서 멈춰 있습니다. 다음을 보고 터널 입구에서 기차의 뒤까지의 거리를 구하시오. (단, 기차가 처음 들어온 쪽이 터널의 입구입니다.)

이 기차의 길이가 $54\frac{7}{12}$ m래.

터널의 길이는 140 m라구.

기차의 앞이 터널의 $\frac{2}{7}$만큼 들어가 있대.

(   )

01 빈칸에 두 수의 차를 써넣으시오.

$\dfrac{2}{10}$	$\dfrac{7}{10}$

[02~03] 계산을 하시오.

02 $3\dfrac{6}{8}+6\dfrac{7}{8}$

03 $5\dfrac{3}{11}-2\dfrac{9}{11}$

04 빈칸에 알맞은 분수를 써넣으시오.

+	$\dfrac{2}{7}$	$2\dfrac{5}{7}$
$\dfrac{3}{7}$		
$4\dfrac{4}{7}$		

05 계산 결과를 찾아 선으로 이어 보시오.

$1-\dfrac{2}{6}$ ·

$3\dfrac{5}{6}-1\dfrac{1}{6}$ ·

$7\dfrac{5}{6}-6\dfrac{4}{6}$ ·

· $\dfrac{4}{6}$

· $1\dfrac{1}{6}$

· $2\dfrac{4}{6}$

06 $3\dfrac{1}{5}-1\dfrac{4}{5}$ 를 두 가지 방법으로 계산을 하시오.

방법 1

방법 2

서술형

07 승호는 주스를 오전에 $\dfrac{4}{7}$ L, 오후에 $\dfrac{5}{7}$ L 마셨습니다. 승호가 하루 동안 마신 주스는 모두 몇 L인지 식을 쓰고 답을 구하시오.

식

답

08 계산 결과의 크기를 비교하여 ◯ 안에 >, =, <를 알맞게 써넣으시오.

$$1-\frac{2}{9} \bigcirc \frac{3}{9}+\frac{2}{9}$$

창의·융합

09 강원도 평창의 특산물인 메밀묵을 지섭이와 채민이가 다음과 같이 먹었습니다. 두 사람이 먹은 메밀묵은 모두 몇 조각입니까?

지섭
$2\frac{1}{4}$ 조각

채민
$1\frac{2}{4}$ 조각

( )

10 해민이는 4시간 동안 수학과 과학을 공부했습니다. 수학을 $2\frac{2}{3}$시간 동안 공부했을 때, 과학을 공부한 시간은 몇 시간입니까?

( )

11 빈칸에 알맞은 수를 써넣으시오.

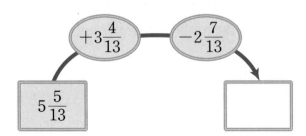

$+3\frac{4}{13}$ $-2\frac{7}{13}$

$5\frac{5}{13}$

12 가장 큰 수와 가장 작은 수의 합을 구하시오.

$$3\frac{7}{12}, \quad \frac{54}{12}, \quad 4\frac{1}{12}$$

( )

13 한 개의 길이가 $4\frac{7}{13}$ m인 끈 2개를 다음과 같이 묶었더니 전체 길이가 $8\frac{5}{13}$ m가 되었습니다. 매듭 부분의 길이는 몇 m입니까?

( )

서술형

14 분모가 11인 진분수 중 $\frac{7}{11}$보다 큰 모든 분수들의 합은 얼마인지 풀이 과정을 쓰고 답을 구하시오.

풀이 _____

_____

_____

답 _____

15 보기 에서 두 수를 골라 □ 안에 써넣어 계산 결과가 가장 큰 뺄셈식을 만들고 계산을 하시오.

보기
$$2, \quad 8, \quad 5, \quad 6$$

$$7 - \dfrac{\boxed{}\,\boxed{}}{12} = (\qquad\qquad)$$

16 유미는 물통에 들어 있는 물 $4\dfrac{3}{15}$ L 중에서 $1\dfrac{9}{15}$ L 를 사용하고, $2\dfrac{10}{15}$ L를 더 부었습니다. 지금 물통에 들어 있는 물은 몇 L입니까?

( )

서술형

17 3장의 수 카드 3 , 9 , 7 을 한 번씩 모두 사용하여 분모가 9인 대분수를 만들려고 합니다. 만들 수 있는 두 대분수의 차를 구하는 풀이 과정을 쓰고 답을 구하시오.

풀이

답

18 □ 안에 들어갈 수 있는 수를 모두 구하시오.

$$6\dfrac{\square}{13} - \dfrac{4}{13} > 3\dfrac{9}{13} + 2\dfrac{7}{13}$$

( )

19 길이가 $20\dfrac{7}{8}$ cm인 철사로 겹치는 부분 없이 정사각형을 한 개 만들었더니 $4\dfrac{3}{8}$ cm가 남았습니다. 만든 정사각형의 한 변의 길이는 몇 cm입니까?

( )

창의·융합

20 연우와 해주의 대화를 읽고 누구의 가방 안에 들어 있는 물건의 무게가 몇 kg 더 무거운지 구하시오.

해법톡톡

연우: 내 가방에는 책 $2\dfrac{3}{7}$ kg, 필통 $\dfrac{6}{7}$ kg, 물통 $\dfrac{4}{7}$ kg이 들어 있어.

해주: 난 책 $1\dfrac{5}{7}$ kg, 필통 $\dfrac{3}{7}$ kg, 물통 $1\dfrac{2}{7}$ kg이 들어 있구.

연우: 누구 가방 안에 들어 있는 물건이 몇 kg 더 무거울까?

( ), ( )

2 삼각형

달걀을 손으로 쥐어 깨뜨리려 해 본 적 있나요?

달걀을 손으로 쥐어 깨뜨리기란 쉽지 않습니다. 왜 그럴까요? 둥근 모양은 어느 한 곳으로 힘이 모아지지 않고 모든 부분에 골고루 나누어지기 때문에 다른 어떤 모양보다 압력에 강하다고 합니다.

건물의 천장을 둥글게 만든 것을 돔이라고 하는데 천장을 돔으로 만들면 기둥을 세우지 않아도 위로부터의 압력이 강해 자체의 무게를 잘 견딘다고 합니다. 건물을 돔으로 만들면 재료가 적게 들며 외부와 닿는 부분이 적어 냉난방에도 유리하다고 합니다.

돔 형태로 만든 건물입니다. 앗! 그런데 건물의 모든 면이 삼각형이네요.

▲ 돔으로 만들어진 천장

이게 바로 돔으로 지은 건물이죠.

이미 배운 내용	이번에 **배울 내용**	앞으로 배울 내용
[4-1 각도] • 예각, 둔각 알아보기 • 삼각형의 세 각의 크기의 합 알아보기	• 이등변삼각형, 정삼각형 알아보기 • 예각삼각형, 둔각삼각형 알아보기 • 두 가지 기준으로 삼각형 분류하기	[4-2 사각형] • 여러 가지 사각형 알아보기 [4-2 다각형] • 다각형과 정다각형 알아보기

뿐만 아니라 다른 건축물의 뼈대가 되는 곳도 거의 모두 삼각형으로 만든 것을 볼 수 있습니다. 송전탑, 인천공항 천장, 다리 등을 관찰해 보면 삼각형으로 짜 맞춘 구조물 이라는 것을 알 수 있습니다. 왜 삼각형으로 만들었을까요?

송전탑

인천공항 천장

다리

삼각형 모양으로 만들면 더 튼튼하게 건물을 지을 수 있기 때문입니다.

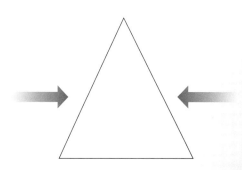

삼각형은 세 개의 변이 있어 두 변이 한 점에서 만날 때 서로 밀어내려는 힘이 생기고 그 힘이 두 변을 타고 내려와 나머지 한 변을 꽉 잡아 주기 때문에 항상 일정한 모양을 유지할 수 있습니다. 그래서 삼각형 모양으로 창문과 지지대를 만든 것입니다.

삼각형의 분류 (1)

	정답	생각의 방향
❶ 이등변삼각형은 두 변의 길이가 같습니다. (○ , ×)	○	두 변의 길이가 같은 삼각형을 이등변삼각형이라고 합니다.
❷ 정삼각형은 세 변의 길이가 같습니다. (○ , ×)	○	세 변의 길이가 같은 삼각형을 정삼각형이라고 합니다.
❸ 삼각형을 변의 길이에 따라 분류하면 예각삼각형과 둔각삼각형으로 분류할 수 있습니다. (○ , ×)	×	삼각형을 변의 길이에 따라 이등변삼각형과 정삼각형으로 분류할 수 있습니다.
❹ 이등변삼각형은 정삼각형이라고 말할 수 (있습니다 , 없습니다).	없습니다	
❺ 정삼각형은 이등변삼각형이라고 말할 수 (있습니다 , 없습니다).	있습니다	정삼각형은 세 변의 길이가 같으므로 두 변의 길이가 같습니다. 따라서 정삼각형은 이등변삼각형이라고 말할 수 있습니다.

이등변삼각형과 정삼각형의 성질

	정답	생각의 방향
❶ 이등변삼각형은 두 변의 길이가 같고, 두 각의 크기가 같습니다. (○ , ×)	○	이등변삼각형의 성질 ⑴ 두 변의 길이가 같습니다. ⑵ 두 각의 크기가 같습니다.
❷ 정삼각형은 (두 , 세) 변의 길이가 같고, (두 , 세) 각의 크기가 같습니다.	세, 세	정삼각형의 성질 ⑴ 세 변의 길이가 같습니다. ⑵ 세 각의 크기가 같습니다.
❸ 모든 정삼각형의 한 각의 크기는 (30˚, 60˚, 90˚) 입니다.	60˚	

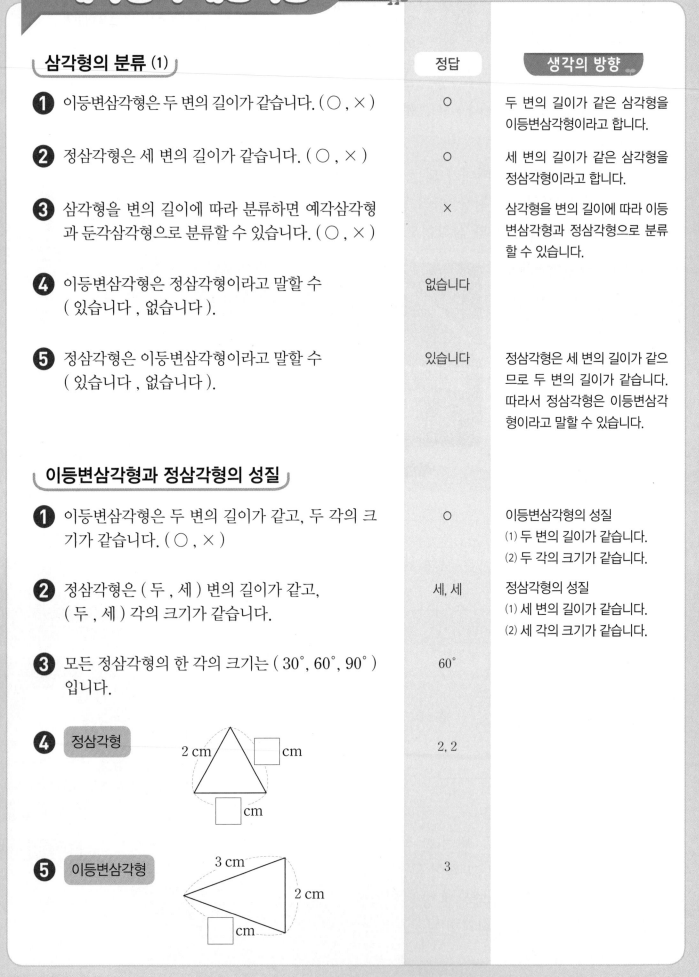

	정답
❹ 정삼각형 $\quad$ 2 cm $\quad$ ☐ cm $\quad$ ☐ cm	2, 2
❺ 이등변삼각형 $\quad$ 3 cm $\quad$ 2 cm $\quad$ ☐ cm	3

삼각형의 분류 (2)

	정답	생각의 방향

1 세 각이 모두 예각인 삼각형을 예각삼각형이라고 합니다. (○ , ×)

→ ○ / 세 각이 모두 예각인 삼각형을 예각삼각형이라고 합니다.

2 세 각이 모두 둔각인 삼각형을 둔각삼각형이라고 합니다. (○ , ×)

→ × / 한 각이 둔각인 삼각형을 둔각삼각형이라고 합니다.

3 삼각형을 각의 크기에 따라 예각삼각형, 정삼각형, 둔각삼각형으로 분류할 수 있습니다. (○ , ×)

→ × / 삼각형을 각의 크기에 따라 예각삼각형, 직각삼각형, 둔각삼각형으로 분류할 수 있습니다.

4 예각삼각형인지 둔각삼각형인지 써넣기

[   ]삼각형   [   ]삼각형

→ 둔각, 예각

두 가지 기준으로 삼각형 분류

1 오른쪽 삼각형은 이등변삼각형이고, 예각삼각형입니다. (○ , ×)

→ ○ / 삼각형은 변의 길이에 따라 이등변삼각형과 정삼각형으로 분류할 수 있습니다.

2 오른쪽 삼각형은 이등변삼각형이고, 둔각삼각형입니다. (○ , ×)

→ ○ / 삼각형은 각의 크기에 따라 예각삼각형, 직각삼각형, 둔각삼각형으로 분류할 수 있습니다.

3 삼각형의 세 각의 크기가 30°, 30°, 120°일 때 이 삼각형은 (이등변삼각형 , 정삼각형)이고 (예각삼각형 , 둔각삼각형)입니다.

→ 이등변삼각형, 둔각삼각형 / 이등변삼각형은 두 각의 크기가 같고, 정삼각형은 세 각의 크기가 같습니다.

4 삼각형의 세 각의 크기가 60°, 60°, 60°일 때 이 삼각형은 (직각삼각형 , 정삼각형)이고 (예각삼각형 , 둔각삼각형)입니다.

→ 정삼각형, 예각삼각형

5 삼각형의 두 각의 크기가 35°, 110°이면 나머지 한 각의 크기는 [   ]°이고 이 삼각형은 [   ]삼각형이고, 둔각삼각형입니다.

→ 35, 이등변

2

삼각형

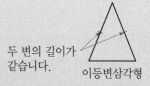 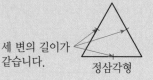 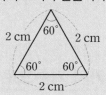 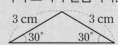 

비법 ① 이등변삼각형과 정삼각형의 관계

- 정삼각형은 이등변삼각형입니다. (◯)
  └→ 세 변의 길이가   └→ 두 변의 길이가
     같습니다.   같습니다.

- 이등변삼각형은 정삼각형입니다. (✕) — 정삼각형은 세 변의 길이가 같아야 하므로 두 변의 길이만 같은 이등변삼각형은 정삼각형이 아닙니다.

| 정삼각형 | 이등변삼각형 |

비법 ② 정삼각형의 각의 크기 구하기

(1) 정삼각형은 세 각의 크기가 모두 같습니다.

(2) 삼각형의 세 각의 크기의 합: $180°$

  ⇨ (정삼각형의 한 각의 크기)
     $= 180° \div 3 = 60°$

비법 ③ 이등변삼각형에서 연장선과 이루는 각의 크기 구하기

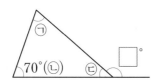

방법 1 ① 크기가 같은 두 각 찾기: ㉠=㉡=$70°$

② ㉢의 각도 구하기: ㉠+㉡+㉢=$180°$,

  $70° + 70° + ㉢ = 180°$, ㉢=$40°$

③ □ 안에 알맞은 수 구하기: $□° = 180° - 40° = 140°$

  ⇨ □=140

방법 2 □°는 ㉢을 제외한 ㉠과 ㉡의 각도의 합과 같습니다.

  ㉠=㉡=$70°$ ⇨ $□° = 70° + 70° = 140°$ ⇨ □=140

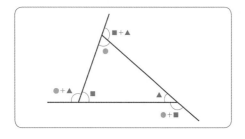

교·과·서 개 념

- 이등변삼각형
  두 변의 길이가 같은 삼각형

  두 변의 길이가 같습니다.   이등변삼각형

- 정삼각형
  세 변의 길이가 같은 삼각형

  세 변의 길이가 같습니다.   정삼각형

- 정삼각형의 성질
  (1) 세 변의 길이가 같습니다.
  (2) 세 각의 크기가 같습니다.

- 이등변삼각형의 성질
  (1) 두 변의 길이가 같습니다.
  (2) 두 각의 크기가 같습니다.

- 이등변삼각형에서 크기가 같은 두 각 찾기
  (1) 길이가 같은 두 변을 찾습니다.
     (변 ㄱㄴ)=(변 ㄱㄷ)
  (2) (1)의 두 변이 만나서 이루는 각을 제외한 나머지 두 각의 크기가 같습니다.

  두 각의 크기가 같습니다.

비법 ④ 삼각형의 세 변의 길이의 합의 활용

- 예 한 변의 길이가 7 cm인 정삼각형의 세 변의 길이의 합 구하기

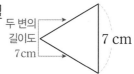

  (정삼각형의 세 변의 길이의 합)

  $=7+7+7=7\times3=21\,(\text{cm})$

  정삼각형은 세 변의
  길이가 모두 같습니다.

- 예 세 변의 길이의 합이 22 cm인 이등변삼각형의 한 변의 길이 구하기

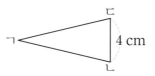

길이가 같은 두 변 찾기	(변 ㄱㄴ)=(변 ㄱㄷ)

↓

세 변의 길이의 합 구하는 식 만들기	(변 ㄱㄴ)+(변 ㄱㄷ)+4=22 (cm)

↓

변 ㄱㄴ의 길이 구하기	(변 ㄱㄴ)+(변 ㄱㄷ)=18 (cm) ⇨ (변 ㄱㄴ)=9 cm

비법 ⑤ 예각삼각형과 둔각삼각형에서 각의 종류 알아보기

	예각 수(개)	직각 수(개)	둔각 수(개)
예각삼각형	3	0	0
직각삼각형	2	1	0
둔각삼각형	2	0	1

비법 ⑥ 주어진 각을 보고 삼각형의 종류 알아보기

예 삼각형의 두 각의 크기가 40°, 100°일 때 삼각형의 종류 알아보기

(1) 나머지 한 각의 크기 구하기

(나머지 한 각의 크기)$=180°-40°-100°=40°$

(2) 삼각형의 세 각의 크기가 각각 40°, 100°, 40°입니다.

두 각의 크기가 같습니다. → 이등변삼각형

한 각이 둔각입니다. → 둔각삼각형

⇨ 이 삼각형은 이등변삼각형이면서 둔각삼각형입니다.

- (정삼각형의 세 변의 길이의 합)
  =(정삼각형의 한 변의 길이)×3

- 이등변삼각형의 세 변의 길이의 합을 구할 때에는 먼저 길이가 같은 두 변을 찾습니다.

- 예각삼각형: 세 각이 모두 예각인 삼각형
- 직각삼각형: 한 각이 직각인 삼각형
- 둔각삼각형: 한 각이 둔각인 삼각형

- 두 가지 기준으로 삼각형 분류하기
  (1) 변의 길이에 따른 분류
  : 이등변삼각형, 정삼각형
  (2) 각의 크기에 따른 분류
  : 예각삼각형, 직각삼각형, 둔각삼각형

2 삼각형

1 삼각형의 분류 (1)

• 이등변삼각형: 두 변의 길이가 같은 삼각형
• 정삼각형: 세 변의 길이가 같은 삼각형

[1-1~1-2] 삼각형을 보고 물음에 답하시오.

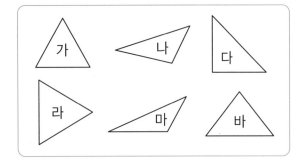

1-1 이등변삼각형을 모두 찾아 기호를 쓰시오.

(　　　　　　)

1-2 정삼각형을 모두 찾아 기호를 쓰시오.

(　　　　　　)

1-3 삼각형의 세 변의 길이가 다음과 같을 때 이등변삼각형과 정삼각형을 각각 찾아 기호를 쓰시오.

㉠ 7 cm, 3 cm, 5 cm
㉡ 4 cm, 6 cm, 4 cm
㉢ 8 cm, 8 cm, 8 cm
㉣ 9 cm, 4 cm, 7 cm

이등변삼각형 (　　　　)
정삼각형 (　　　　)

1-4 대화를 읽고 □ 안에 들어갈 수 있는 수를 모두 쓰시오.

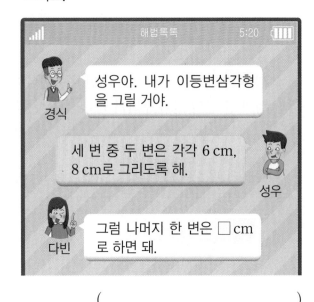

(　　　　　　)

1-5 바르게 말한 친구의 이름을 쓰시오.

(　　　　　　)

2 이등변삼각형의 성질

• 두 변의 길이가 같습니다.
• 두 각의 크기가 같습니다.

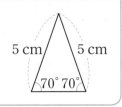

2-1 다음 도형은 이등변삼각형입니다. □ 안에 알맞은 수를 써넣으시오.

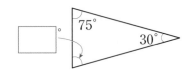

• 정답은 **12**쪽에

2-2 이등변삼각형에 대한 설명으로 옳은 것을 모두 고르시오. ( )

① 두 변의 길이가 같습니다.
② 세 변의 길이가 같습니다.
③ 두 각의 크기가 같습니다.
④ 세 각의 크기가 같습니다.
⑤ 한 각이 직각입니다.

서술형

2-3 다음 도형이 이등변삼각형이 <u>아닌</u> 이유를 쓰시오.

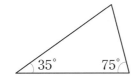

| 이유 | _____ |

_____

_____

2-4 다음 도형은 이등변삼각형입니다. □ 안에 알맞은 수를 써넣으시오.

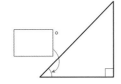

| **3** | **정삼각형의 성질** |

• 세 변의 길이가 같습니다.
• 세 각의 크기가 같습니다.

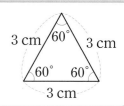

창의·융합

3-1 피라미드를 정면에서 바라보면 정삼각형 모양이라고 합니다. 피라미드를 보고 그린 정삼각형의 □ 안에 알맞은 수를 써넣으시오.

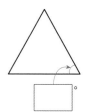

서술형

3-2 두 정삼각형의 같은 점과 다른 점을 쓰시오.

| 같은 점 | _____ |
| 다른 점 | _____ |

3-3 오른쪽 정삼각형의 세 변의 길이의 합은 몇 cm입니까?

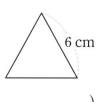

( )

 ·이등변삼각형에서 주어지지 않은 각의 크기를 구할 때
　① 이등변삼각형의 두 각의 크기가 같음을 이용
　② 삼각형의 세 각의 크기의 합이 180°임을 이용

3-4 삼각형 ㄱㄴㄷ은 정삼각형입니다. □ 안에 알맞은 수를 써넣으시오.

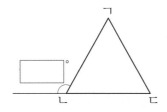

---

4 삼각형의 분류 (2)

• 예각삼각형: 세 각이 모두 예각인 삼각형
• 둔각삼각형: 한 각이 둔각인 삼각형

4-1 삼각형을 예각삼각형, 직각삼각형, 둔각삼각형으로 분류하여 빈칸에 알맞게 기호를 쓰시오.

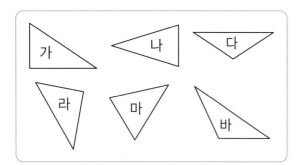

예각삼각형	직각삼각형	둔각삼각형

창의·융합

4-2 도로에서 문제가 생겼을 때에는 다음과 같이 안전삼각대를 세웁니다. 안전삼각대는 예각삼각형과 둔각삼각형 중에서 어떤 삼각형입니까?

안전삼각대

( )

4-3 삼각형의 세 각의 크기를 나타낸 것입니다. 이 삼각형은 예각삼각형, 직각삼각형, 둔각삼각형 중에서 어떤 삼각형입니까?

48°, 44°, 88°

( )

4-4 주어진 선분 ㄱㄴ과 나머지 한 점을 이어 둔각삼각형을 만들려고 합니다. 둔각삼각형이 되려면 어느 점과 이어야 합니까? ·········· ( )

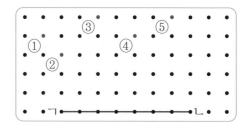

4-5 오른쪽 도형을 보고 □ 안에 알맞은 수를 써넣으시오.

도형을 나누었더니 예각삼각형 □ 개, 둔각삼각형 □ 개가 되었습니다.

4-6 주어진 선분을 한 변으로 하고 한 각의 크기가 50°인 예각삼각형을 그려 보시오.

• 정답은 **12**쪽에

5 두 가지 기준으로 삼각형 분류하기

- 변의 길이에 따른 분류: 이등변삼각형, 정삼각형
- 각의 크기에 따른 분류: 예각삼각형, 직각삼각형, 둔각삼각형

5-1 알맞은 것끼리 선으로 이어 보시오.

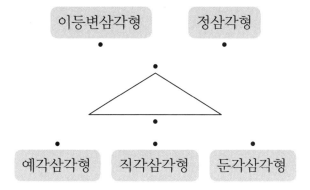

5-2 삼각형을 분류하여 빈칸에 알맞게 기호를 쓰시오.

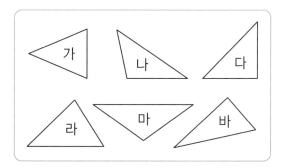

	이등변 삼각형	세 변의 길이가 모두 다른 삼각형
예각삼각형		
직각삼각형		
둔각삼각형		

5-3 오른쪽 삼각형의 이름이 될 수 있는 것을 모두 찾아 기호를 쓰시오.

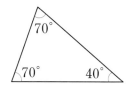

> ㉠ 이등변삼각형　㉡ 정삼각형
> ㉢ 예각삼각형　㉣ 둔각삼각형

(　　　　　　　　　)

5-4 둔각삼각형이면서 이등변삼각형인 삼각형을 그려 보시오.

서술형

5-5 희민이의 말이 맞는지 틀리는지 쓰고 이유를 쓰시오.

> 정삼각형은 항상 예각삼각형이야.

희민

(　　　　　　　　　)

이유 _____

_____

- 이등변삼각형은 각의 크기에 따라 예각삼각형, 직각삼각형, 둔각삼각형이 될 수 있습니다.
- 정삼각형은 세 각의 크기가 모두 60°이므로 항상 예각삼각형입니다.

응용 1 **삼각형의 이름 알아보기**

오른쪽은 삼각형의 일부가 지워진 것입니다. 오른쪽 삼각형은
⁽²⁾예각삼각형, 직각삼각형, 둔각삼각형 중 어떤 삼각형입니까?

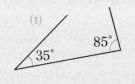

(   )

(1) 삼각형의 지워진 한 각의 크기를 구해 봅니다.

(2) 예각삼각형, 직각삼각형, 둔각삼각형 중에서 어떤 삼각형인지 알아봅니다.

예제 1 - 1 오른쪽은 세윤이가 그린 삼각형에 잉크가 묻어 일부가 지워진 것입니다. 세윤이가 그린 삼각형은 예각삼각형, 직각삼각형, 둔각삼각형 중에서 어떤 삼각형입니까?

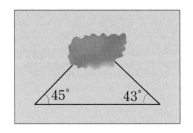

(   )

예제 1 - 2 재현이는 다음의 순서대로 삼각형을 그렸습니다. 재현이가 그린 삼각형의 이름을 모두 쓰시오.

> ㉠ 길이가 5 cm인 선분을 긋습니다.
> ㉡ 선분의 양 끝점을 꼭짓점으로 하여 각각 65°와 50°인 각을 그립니다.
> ㉢ 두 각의 변이 만나는 점을 이어 삼각형을 완성합니다.

(   )

응용 2 삼각형에서 각도 구하기

오른쪽 삼각형은 정삼각형입니다. ⁽²⁾㉠과 ㉡의 각도의 합을 구하시오.

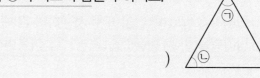

(　　　　　　　　　　　　)

(1) ㉠과 ㉡의 각도를 구해 봅니다.

(2) ㉠과 ㉡의 각도의 합을 구해 봅니다.

예제 2-1　윤지가 어머니를 도와 옷장을 정리하다가 이등변삼각형 모양의 옷걸이를 찾았습니다. ㉠과 ㉡의 각도의 차를 구하시오.

(　　　　　　　　　　　　)

예제 2-2　오른쪽 삼각형은 이등변삼각형입니다. ㉠의 각도가 40°일 때 ㉠과 ㉡의 각도의 차를 구하시오.

(　　　　　　　　　　　　)

예제 2-3　오른쪽은 똑같은 정삼각형 두 개를 겹치지 않게 이어 붙여 그린 것입니다. ㉠의 각도를 구하시오.

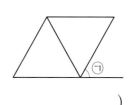

(　　　　　　　　　　　　)

응용 3 이등변삼각형의 변의 길이 구하기

길이가 32 cm인 끈을 모두 사용하여 겹치는 부분없이 한 변의 길이가 10 cm인[(1)]이등변삼각형을 한 개 만들었습니다./[(2)]이 이등변삼각형의 세 변의 길이가 될 수 있는 경우를 두 가지 쓰시오.

(   )

(   )

(1) 이등변삼각형의 성질을 알아봅니다.

(2) 이등변삼각형의 세 변의 길이가 될 수 있는 경우를 두 가지 구해 봅니다.

예제 3-1   길이가 28 cm인 끈을 모두 사용하여 겹치는 부분없이 한 변의 길이가 12 cm인 이등변삼각형을 한 개 만들었습니다. 이 이등변삼각형의 세 변의 길이가 될 수 있는 경우를 두 가지 쓰시오.

(   )

(   )

예제 3-2   연두는 길이가 1 cm인 빨대 18개를 꿰어서 팔찌를 만들었습니다. 이 팔찌를 가지고 이등변삼각형을 만들 때, 만들 수 있는 이등변삼각형은 모두 몇 가지입니까? (단, 빨대를 구부리지 않습니다.)

(   )

· 정답은 **14**쪽에

예각삼각형과 둔각삼각형의 각도 구하기

주어진 각 중에서 세 각을 골라 둔각삼각형을 그리려고 합니다. /⁽²⁾ 둔각삼각형이 되는 경우는 모두 몇 가지입니까?

⁽¹⁾ 30° 90° 100° 50° 130° 20°

( )

(1) 둔각삼각형의 각 중에서 둔각인 한 각의 크기가 될 수 있는 각을 찾아봅니다.

(2) 둔각삼각형의 세 각의 크기가 될 수 있는 경우를 모두 구해 봅니다.

예제 4 - 1 주어진 각 중에서 세 각을 골라 둔각삼각형을 그리려고 합니다. 둔각삼각형이 되는 경우는 모두 몇 가지입니까?

110° 25° 115° 40° 135° 20°

( )

예제 4 - 2

예각삼각형이 되려면 두 ㉠을 제외한 나머지 한 각의 크기가 90°보다 작아야 해!

또, 삼각형의 세 각의 크기의 합은 180°이니까 ㉠+㉠은 180°보다 작아야 하지!

오른쪽 삼각형은 선분 ㄱㄴ의 양 끝점에서 크기가 같은 각을 그린 다음 만나는 점을 이었더니 예각삼각형이 되었습니다. ㉠의 각도의 범위에 맞게 □ 안에 알맞은 수를 써넣으시오.

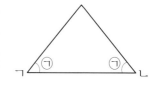

㉠은 [ ]° 보다 크고 [ ]° 보다 작습니다.

응용 5 　이등변삼각형과 정삼각형의 활용 (1)

정삼각형과 이등변삼각형의 세 변의 길이의 합은 같습니다. ⁽²⁾이등변삼각형의 □ 안에 알맞은 수를 구하시오.

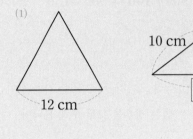

(1)

12 cm

10 cm

□ cm

(　　　　　　　　)

⑴ 정삼각형의 세 변의 길이의 합을 구해 봅니다.

⑵ □ 안에 알맞은 수를 구해 봅니다.

예제 5-1 이등변삼각형과 정삼각형의 세 변의 길이의 합은 같습니다. 정삼각형의 한 변의 길이는 몇 cm입니까?

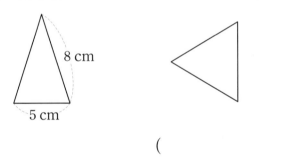

8 cm

5 cm

(　　　　　　　　)

예제 5-2 오른쪽 삼각형 ㄱㄴㄷ은 정삼각형이고 삼각형 ㄱㄷㄹ은 이등변삼각형입니다. 이등변삼각형 ㄱㄷㄹ의 세 변의 길이의 합이 30 cm일 때 사각형 ㄱㄴㄷㄹ의 네 변의 길이의 합은 몇 cm입니까?

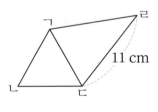

ㄱ ㄹ

11 cm

ㄴ ㄷ

(　　　　　　　　)

응용 **6** 정삼각형으로 만든 도형의 변의 길이 활용

오른쪽은 ⁽¹⁾세 변의 길이의 합이 27 cm인 똑같은 정삼각형 3개를 겹치지 않게 이어 붙인 것입니다. /⁽²⁾빨간 선의 길이는 몇 cm입니까?

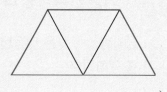

( )

⑴ 정삼각형의 한 변의 길이를 구해 봅니다.

⑵ 빨간 선의 길이는 몇 cm인지 구해 봅니다.

예제 6 - 1

오른쪽은 세 변의 길이의 합이 18 cm인 똑같은 정삼각형 9개를 겹치지 않게 이어 붙인 것입니다. 빨간 선의 길이는 몇 cm입니까?

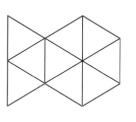

( )

예제 6 - 2

정삼각형 10개를 모두 그려야 해?

정삼각형이 한 개 늘어날 때마다 사각형의 네 변에서 정삼각형의 변의 수가 몇 개씩 늘어나는지 규칙을 찾아 봐~!

한 변의 길이가 6 cm인 정삼각형을 다음과 같은 규칙으로 겹치지 않게 이어 붙였습니다. 정삼각형 10개를 이어 붙여서 만들어진 사각형의 네 변의 길이의 합은 몇 cm입니까?

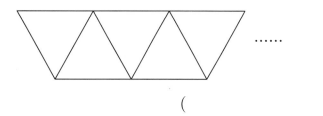

( )

응용 **7** 이등변삼각형과 정삼각형의 활용 (2)

삼각형 ㄱㄴㄷ은 이등변삼각형이고 삼각형 ㄱㄷㄹ은 정삼각형입니다.[2]각 ㄱㄴㄷ의 크기를 구하시오.

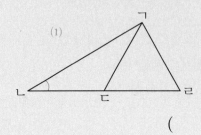

(   )

(1) 각 ㄱㄷㄴ의 크기를 구해 봅니다.

(2) 각 ㄱㄴㄷ의 크기를 구해 봅니다.

예제 **7**-1   오른쪽 삼각형 ㄱㄴㄷ은 정삼각형이고 삼각형 ㄱㄷㄹ은 이등변삼각형입니다. 각 ㄴㄷㄹ의 크기를 구하시오.

(   )

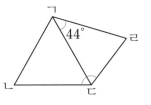

예제 **7**-2   오른쪽 삼각형 ㄱㄴㄷ과 삼각형 ㄹㄴㄷ은 이등변삼각형입니다. 각 ㄴㄱㄷ의 크기를 구하시오.

(   )

• 정답은 **14**쪽에

응용 8 **크고 작은 삼각형의 수 구하기**

(2) 오른쪽 도형에서 찾을 수 있는 크고 작은 정삼각형은 모두 몇 개 입니까? (1)

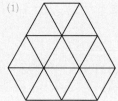

( )

(1) 여러 가지 정삼각형을 찾아봅니다.

(2) 찾을 수 있는 크고 작은 정삼각형의 수를 구해 봅니다.

예제 8-1 다음 도형에서 찾을 수 있는 크고 작은 예각삼각형은 모두 몇 개입니까?

작은 삼각형 1개로 이루어진 예각삼각형을 찾아봐!

그리고 작은 삼각형 여러 개로 이루어진 예각삼각형도 찾아봐!

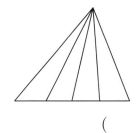

( )

예제 8-2 다음 도형에서 찾을 수 있는 크고 작은 예각삼각형과 둔각삼각형의 수의 차를 구하시오.

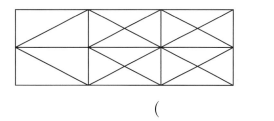

( )

2

삼각형

STEP 3 응용 유형 뛰어넘기

두 가지 기준으로 삼각형 분류하기

01 삼각형을 분류하여 빈칸에 알맞게 기호를 쓰시오.
〔유사〕

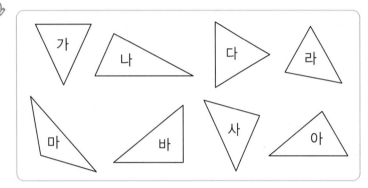

	예각삼각형	둔각삼각형
이등변삼각형		

이등변삼각형의 성질

02 삼각형 ㄱㄴㄷ은 이등변삼각형이고 세 변의 길이의 합
〔유사〕 이 52 cm입니다. 변 ㄱㄴ의 길이는 몇 cm입니까?

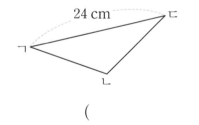

(   )

서술형 이등변삼각형 알아보기

03 다음 도형이 이등변삼각형이라는 것을 알 수 있는 방법
〔유사〕 을 두 가지 쓰시오.

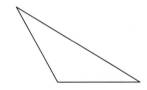

방법 1

방법 2

유사 표시된 문제의 유사 문제가 제공됩니다.
동영상 표시된 문제의 동영상 특강을 볼 수 있어요.
QR 코드를 찍어 보세요.

이등변삼각형의 성질

04 가현이가 다음과 같이 직사각형 모양의 색종이를 반으로 접고 선을 따라 잘라서 펼쳤습니다. 각 ㄴㄱㄷ의 크기를 구하시오.

유사

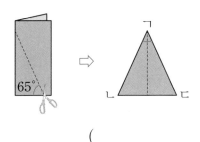

(   )

서술형 삼각형의 이름 알아보기

05 경수가 이등변삼각형의 한 각을 재어 보았더니 50°였습니다. 이 이등변삼각형은 예각삼각형과 둔각삼각형 중에서 어떤 삼각형인지 풀이 과정을 쓰고 답을 구하시오.

유사

(   )

풀이

2

삼각형

이등변삼각형의 성질

창의·융합

06 색소를 넣어 만든 색유리나 겉면에 색을 칠한 유리를 잘라 다양한 무늬나 그림을 나타낸 장식용 유리를 스테인드글라스라고 합니다. 다음과 같은 규칙으로 이등변삼각형 모양인 스테인드글라스 조각 10개를 변끼리 이어 붙여 만든 사각형의 네 변의 길이의 합은 몇 cm입니까?

유사
동영상

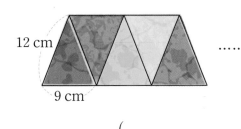

12 cm

9 cm

......

(   )

서술형 정삼각형의 성질

07 사각형 ㄱㄴㄷㄹ은 직사각형이고 삼각형 ㅁㄴㄷ은 정삼
유사 각형입니다. 각 ㄱㅁㄴ의 크기는 몇 도인지 풀이 과정을
쓰고 답을 구하시오.

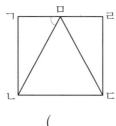

(   )

풀이

이등변삼각형의 성질

08 삼각형 ㄱㄴㄷ과 삼각형 ㄷㄹㅁ은 이등변삼각형입니다.
유사 각 ㄱㄷㅁ의 크기를 구하시오.
동영상

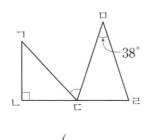

(   )

정삼각형 알아보기   창의·융합

09 우준이가 현미경으로 눈의 결정을 관찰한 후 정삼각형
유사 블록 12개로 다음과 같이 표현했습니다. 우준이가 표현
동영상 한 눈의 결정에서 찾을 수 있는 크고 작은 정삼각형은
모두 몇 개입니까?

 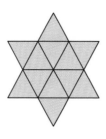

(   )

유사 표시된 문제의 유사 문제가 제공됩니다.
동영상 표시된 문제의 동영상 특강을 볼 수 있어요.
QR 코드를 찍어 보세요.

이등변삼각형과 정삼각형의 성질

10 삼각형 ㄱㄴㄹ은 이등변삼각형이고 삼각형 ㅁㄷㄹ은 정
유사 삼각형입니다. 각 ㄱㅂㄷ의 크기를 구하시오.
동영상

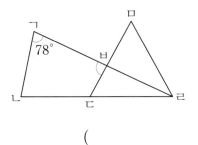

(   )

정삼각형의 성질

11 정삼각형의 각 변의 한가운데에 점을 이어 작은 정삼각
유사 형을 만들고 다시 작은 정삼각형의 각 변의 한가운데에
동영상 점을 이어 더 작은 정삼각형을 만들었습니다. 가장 큰
정삼각형의 한 변의 길이가 8 cm일 때 색칠한 부분의
모든 변의 길이의 합은 몇 cm입니까?

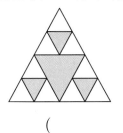

(   )

이등변삼각형과 정삼각형의 성질

12 오른쪽 사각형 ㄱㄴㄷㄹ은 정사각형
유사 이고, 삼각형 ㄱㄹㅁ은 정삼각형입니
동영상 다. 각 ㅂㄴㄹ과 각 ㅁㅂㄹ의 크기의
차를 구하시오.

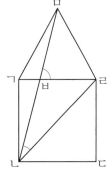

(   )

2

삼각형

창의사고력

13 오른쪽 칠교 조각의 일부 또는 전부를 사용하여 이등변삼각
형을 만들려고 합니다. 만들 수 있는 크기가 다른 이등변삼각
형은 모두 몇 가지입니까?

(   )

창의사고력

14 지름이 20 cm인 피자를 한 변의 길이가 10 cm인 정삼각형 모양으로 자르려고 합니
다. 정삼각형 모양은 몇 개까지 자를 수 있는지 구하시오.

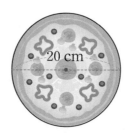

(   )

[01~03] 삼각형을 보고 물음에 답하시오.

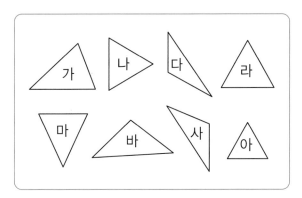

01 정삼각형을 모두 찾아 기호를 쓰시오.

(   )

02 예각삼각형을 모두 찾아 기호를 쓰시오.

(   )

03 이등변삼각형이면서 둔각삼각형을 모두 찾아 기호를 쓰시오.

(   )

창의·융합

04 지은이는 가게에서 정삼각형 모양의 삼각김밥을 샀습니다. 삼각김밥의 한 변의 길이가 8 cm일 때, □ 안에 알맞은 수를 써넣으시오.

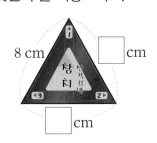

05 직사각형 모양의 종이를 점선을 따라 자르려고 합니다. 자른 도형이 둔각삼각형이 되는 것을 모두 찾아 기호를 쓰시오.

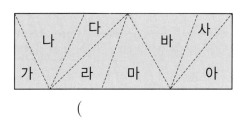

(   )

06 삼각형의 세 각의 크기를 나타낸 것입니다. 둔각삼각형을 찾아 기호를 쓰시오.

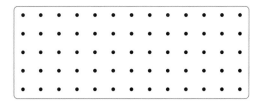

(   )

07 점 종이에 직각삼각형, 예각삼각형, 둔각삼각형을 1개씩 그려 보시오.

서술형

08 오른쪽 삼각형의 □ 안에 알맞은 수를 구하는 풀이 과정을 쓰고 답을 구하시오.

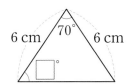

풀이 _____

_____

_____

답 _____

09 삼각형의 이름이 될 수 있는 것을 모두 찾아 기호를 쓰시오.

 ㉠ 정삼각형   ㉡ 이등변삼각형
 ㉢ 예각삼각형   ㉣ 둔각삼각형

(   )

10 세 변의 길이가 다음과 같도록 이등변삼각형을 그리려고 합니다. □ 안에 들어갈 수 있는 수를 모두 구하시오.

8 cm, 11 cm, □ cm

(   )

서술형

11 각 ㄴㄱㄷ의 크기는 몇 도인지 풀이 과정을 쓰고 답을 구하시오.

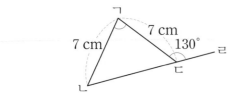

풀이 _____

_____

_____

답 _____

창의·융합

12 두 사람의 대화를 읽고 ㉠에 알맞은 수를 구하시오.

(   )

13 삼각형의 두 각의 크기를 나타낸 것입니다. 이등변삼각형이면서 둔각삼각형인 것을 찾아 기호를 쓰시오.

 ㉠ 40°, 20°   ㉡ 50°, 80°
 ㉢ 30°, 30°   ㉣ 45°, 45°

(   )

14 다음 도형에서 찾을 수 있는 크고 작은 둔각삼각형은 모두 몇 개입니까?

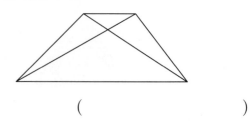

(   )

• 정답은 **19**쪽에

15 오른쪽 그림과 같이 직사각형 모양의 색종이를 반으로 접고 점선을 그은 후, 점선을 따라 잘랐습니다. ㉠의 길이는 몇 cm입니까?

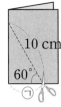

( )

16 정삼각형과 이등변삼각형을 그림과 같이 겹치지 않게 붙여 놓았습니다. ㉠의 각도를 구하시오.

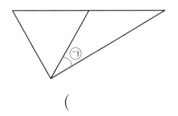

( )

17 같은 길이의 끈 2개로 각각 한 변의 길이가 15 cm인 정삼각형과 오른쪽 이등변삼각형을 만들었습니다. 변 ㄱㄴ의 길이는 몇 cm인지 풀이 과정을 쓰고 답을 구하시오.

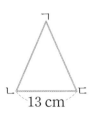

풀이 _____

_____

답 _____

18 삼각형 ㄱㄴㄷ과 삼각형 ㄱㄹㅁ은 정삼각형입니다. 삼각형 ㄱㄴㄷ의 한 변의 길이는 삼각형 ㄱㄹㅁ의 한 변의 길이의 3배일 때 사각형 ㄹㄴㄷㅁ의 네 변의 길이의 합을 구하시오.

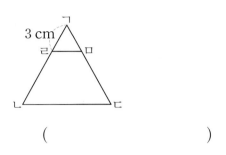

( )

19 정삼각형 모양의 색종이를 접은 것입니다. ㉠의 각도를 구하시오.

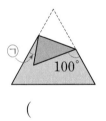

( )

20 삼각형 ㄱㄴㄷ과 ㄴㄹㄷ은 이등변삼각형입니다. 각 ㄷㄹㅁ과 각 ㄷㅁㄹ의 크기의 합을 구하시오.

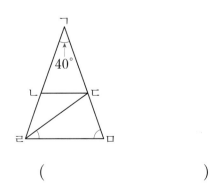

( )

2 삼각형

3 소수의 덧셈과 뺄셈

경주는 문화의 도시입니다.

경주는 신라 시대의 문화유산을 고스란히 지켜 온 도시로써 많은 문화재가 있습니다.

불국사는 세계문화유산으로 등재되어 있기도 한 자랑스러운 우리나라의 문화재입니다.

불국사에서 친구들과 함께 소수의 덧셈과 뺄셈에 대해 배워 볼까요?

이미 배운 내용	이번에 **배울 내용**	앞으로 배울 내용
[3-1 분수와 소수] • 분수 알아보기 • 소수 알아보기	• 소수의 두 자리 수, 소수 세 자리 수 알아보기 • 소수의 크기 비교하기 • 소수 사이의 관계 알아보기 • 소수의 덧셈 • 소수의 뺄셈	[5-2 분수와 소수] • 분수와 소수

 경주 불국사에는 우리나라의 가장 대표적인 석탑인 다보탑과 삼층석탑이 있어요. 두 탑은 불국사 안에서 동서로 마주 보고 서 있답니다. 다보탑과 삼층석탑의 높이의 차는 얼마인지 알아볼까요?

국보 제 20호 다보탑

국보 제 21호 삼층석탑

(소수 두 자리 수)—(소수 두 자리 수)를 계산해 봅시다.
소수점끼리 맞추어 쓴 다음 같은 자리 수끼리 뺍니다.

$$
\begin{array}{r}
{\scriptstyle 6\ 10}\\
1\ 0\ 7\ 5\\
-\ 1\ 0\ 2\ 9\\
\hline
4\ 6
\end{array}
\Rightarrow
\begin{array}{r}
{\scriptstyle 6\ 10}\\
1\ 0.7\ 5\\
-\ 1\ 0.2\ 9\\
\hline
0.4\ 6
\end{array}
$$

두 탑의 높이의 차는
0.46 m입니다.

메타인지 개념학습

3. 소수의 덧셈과 뺄셈

	정답	생각의 방향

소수 두 자리 수, 소수 세 자리 수

❶ 분수 $\frac{1}{100}$ 은 소수로 0.01이라 쓰고 영 점 영일이
라고 읽습니다. (○ , ×)

정답: ○

생각의 방향:
$\frac{1}{100}$=0.01 (영 점 영일)

$\frac{1}{1000}$=0.001 (영 점 영영일)

❷ 소수 2.19를 (이 점 일구 , 이 점 십구)라고 읽습
니다.

정답: 이 점 일구

❸ 0.587에서 5는 소수 (첫째 , 둘째) 자리 숫자이고,
(0.5 , 0.05)를 나타냅니다.

정답: 첫째, 0.5

생각의 방향:
1.654
→ 일의 자리 숫자
→ 소수 첫째 자리 숫자
→ 소수 둘째 자리 숫자
→ 소수 셋째 자리 숫자

❹ 2.367에서 7은 소수 ☐ 자리 숫자이고,
☐ 을 나타냅니다.

정답: 셋째, 0.007

1.738

숫자	나타내는 수
1	1
7	0.7
3	0.03
8	0.008

소수의 크기 비교

❶ 소수는 자연수 부분이 클수록 큰 수입니다. (○ , ×)

정답: ○

❷ 3.56과 3.48은 자연수 부분이 같으므로 소수
(첫째 , 둘째) 자리 수를 비교하면 (3.56 , 3.48)
이 더 큽니다.

정답: 첫째, 3.56

소수의 크기 비교
① 자연수 부분이 큰 쪽이 더 큰
수입니다.
② 자연수 부분이 같을 때에는
소수 첫째 자리, 소수 둘째 자
리, 소수 셋째 자리 수를 차례
로 비교합니다.

❸ 소수는 필요한 경우 오른쪽 끝자리에 ☐ 을/를
붙여서 나타낼 수 있습니다.

정답: 0

❹ 0.15 ◯ 0.42

정답: <

❺ 6.37 ◯ 6.088

정답: >

소수 사이의 관계

❶ 1은 0.01의 100배입니다. (○ , ×)

정답: ○

소수를 10배, 100배 하면 소수
점을 기준으로 수가 왼쪽으로 한
자리, 두 자리 이동합니다.

❷ 소수를 10배 하면 소수점을 기준으로 수가
(오른쪽 , 왼쪽)으로 한 자리 이동합니다.

정답: 왼쪽

❸ 소수의 $\frac{1}{10}$ 을 하면 소수점을 기준으로 수가
(오른쪽 , 왼쪽)으로 한 자리 이동합니다.

정답: 오른쪽

소수의 $\frac{1}{10}$, $\frac{1}{100}$ 을 하면 소수
점을 기준으로 수가 오른쪽으로
한 자리, 두 자리 이동합니다.

소수의 덧셈

	정답

1 소수의 덧셈을 세로셈으로 계산할 때에는 소수점 끼리 맞추어 씁니다. (○ , ×)

○

소수의 덧셈
① 소수점끼리 맞추어 세로로 씁니다.
② 같은 자리 수끼리 더합니다.

2 0.4는 0.1이 4개이고 0.3은 0.1이 3개이므로 0.4＋0.3은 0.1이 7개인 0.7입니다. (○ , ×)

○

3

$$\begin{array}{r} 1.6 \\ +\ 2.9 \\ \hline \end{array}$$

5, 4

$$\begin{array}{r} 1.4 \\ +\ 0.7 \\ \hline \end{array} \Rightarrow \begin{array}{r} \overset{1}{}1.4 \\ +\ 0.7 \\ \hline 2.1 \end{array}$$

① 소수 첫째 자리 계산에서 6＋9＝15이므로 일의 자리로 받아올림하고 소수 첫째 자리에 (1 , 5)을/를 씁니다.
② 일의 자리에 (3 , 4)를 쓰고 소수점을 내려서 찍습니다.

4 0.84＋0.95＝ ☐

1.79

5 1.562＋2.473＝ ☐

4.035

6 3.81＋0.4＝ ☐

4.21

자릿수가 다른 소수의 덧셈은 소수점끼리 맞추어 세로로 쓴 다음 계산합니다.

소수의 뺄셈

1 소수의 뺄셈은 같은 자리 수끼리 뺍니다. (○ , ×)

○

소수의 뺄셈
① 소수점끼리 맞추어 세로로 씁니다.
② 같은 자리 수끼리 뺍니다.

2 0.8은 0.1이 8개이고 0.2는 0.1이 2개이므로 0.8－0.2는 0.1이 6개인 0.6입니다. (○ , ×)

○

3 2.56－1.3을 세로셈으로 바르게 쓴 것은

$$\left(\begin{array}{r} 2.5\ 6 \\ -\quad 1.3 \\ \hline \end{array} \ ,\ \begin{array}{r} 2.5\ 6 \\ -\ 1.3 \\ \hline \end{array} \right)$$입니다.

$$\begin{array}{r} 2.5\ 6 \\ -\quad 1.3 \\ \hline \end{array}$$

4 9.7－2.5＝ ☐

7.2

$$\begin{array}{r} 3.2\ 5 \\ -\ 1.8\ 4 \\ \hline \end{array} \Rightarrow \begin{array}{r} \overset{2}{\cancel{3}}.\overset{10}{2}\ 5 \\ -\ 1.8\ 4 \\ \hline 1.4\ 1 \end{array}$$

5 7.81－4.82＝ ☐

2.99

6 8.51－2.6＝ ☐

5.91

3
소수의 덧셈과 뺄셈

비법 ① 각 자리 숫자가 나타내는 수 알아보기

• 숫자 3이 나타내는 수

	3.258	1.37	5.23	8.013
나타내는 수	3	0.3	0.03	0.003

⇨ 같은 숫자이지만 자리에 따라 나타내는 수가 다릅니다.

비법 ② 크기를 비교하여 □ 안에 알맞은 수 구하기

$$0.\square\blacktriangle \; < \; 0.\bigstar\bullet$$

(1) ▲ < ● 인 경우: □ 안에는 ★과 같거나 ★보다 작은 수
(2) ▲ > ● 인 경우: □ 안에는 ★보다 작은 수

예 0.□5 < 0.48 ⇨ □ 안에는 4와 같거나 4보다 작은 수
└5<8┘
□=0, 1, 2, 3, 4

비법 ③ 소수 사이의 관계

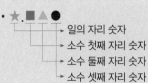

┌5는 0.5의 10배
└0.5는 5의 $\frac{1}{10}$

┌0.5는 0.005의 100배
└0.005는 0.5의 $\frac{1}{100}$

비법 ④ 어떤 수 구하기

• 예 어떤 수의 10배가 12일 때

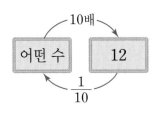

어떤 수의 10배가 12
⇨ 12의 $\frac{1}{10}$ 이 어떤 수
⇨ (어떤 수)=1.2

• 소수 세 자리 수

분수 $\frac{239}{1000}$ 를 0.239라 쓰고
영 점 이삼구라고 읽습니다.

• ★.■▲●
  → 일의 자리 숫자
  → 소수 첫째 자리 숫자
  → 소수 둘째 자리 숫자
  → 소수 셋째 자리 숫자

• 소수의 크기 비교 방법

① 자연수 부분이 같은지 다른지 비교합니다.

다르다.　　　　같다.

② 자연수 부분이 큰 쪽이 더 큽니다.

③ 소수 첫째 자리부터 차례로 비교하여 수가 큰 쪽이 더 큽니다.

• 소수를 10배, 100배 하면 소수점을 기준으로 수가 왼쪽으로 한 자리, 두 자리 이동합니다.

• 소수의 $\frac{1}{10}$, $\frac{1}{100}$ 을 하면 소수점을 기준으로 수가 오른쪽으로 한 자리, 두 자리 이동합니다.

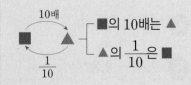

┌■의 10배는 ▲
└▲의 $\frac{1}{10}$ 은 ■

비법 ⑤ 자릿수가 다른 소수의 계산

· 예 1.28＋0.935의 계산

$$
\begin{array}{r}
1.2\ 8 \\
+\ 0.9\ 3\ 5 \\
\hline
\end{array}
$$

① 소수점끼리 맞추어
세로로 쓰기

⇨

$$
\begin{array}{r}
\ \ 1\ 1 \\
1.2\ 8 \\
+\ 0.9\ 3\ 5 \\
\hline
2.2\ 1\ 5
\end{array}
$$

② 같은 자리 수끼리
더하기

· 소수의 덧셈

$$
\begin{array}{r}
1\ \ \ \ \ \\
3.4\ 5 \\
+\ 2.1\ 6 \\
\hline
5.6\ 1
\end{array}
$$

소수점끼리 맞추어 쓴 다음 같은 자
리 수끼리 더합니다.

비법 ⑥ 카드로 만든 소수의 계산

예 4장의 카드 2 , 5 , 6 , . 을 한 번씩 모두 사용하여 만들 수 있

는 가장 큰 소수 두 자리 수와 가장 작은 소수 두 자리 수의 차 구하기

(1) 가장 큰 소수 두 자리 수와 가장 작은 소수 두 자리 수 만들기

가장 큰 소수 두 자리 수	가장 작은 소수 두 자리 수
큰 수부터 차례로 놓기	작은 수부터 차례로 놓기

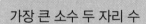

6 5 2 ⇨ 6.52   2 5 6 ⇨ 2.56

(2) 만든 두 수의 차 구하기

$$
\begin{array}{r}
5\ \ 14\ \ 10 \\
6.\cancel{5}\ \ 2 \\
-\ 2.5\ \ 6 \\
\hline
3.9\ \ 6
\end{array}
$$

· 소수의 뺄셈

$$
\begin{array}{r}
6\ \ 10 \\
5.\cancel{7}\ 2 \\
-\ 1.3\ 8 \\
\hline
4.3\ 4
\end{array}
$$

소수점끼리 맞추어 쓴 다음 같은 자
리 수끼리 뺍니다.

비법 ⑦ 단위가 다른 소수의 계산

· 예 1.5 km와 850 m의 합 구하기

850 m＝0.85 km   ⇨

$$
\begin{array}{r}
1.5 \\
+\ 0.8\ 5 \\
\hline
2.3\ 5
\end{array}
$$

⇨   2.35 km

① 같은 단위로 나타내기   ② 소수점끼리 맞추어 쓴   ③ 계산한 값에 단위 쓰기
다음 계산하기

· 단위 사이의 관계
1 cm＝0.01 m
1 m＝0.001 km
1 g＝0.001 kg
1 mL＝0.001 L

비법 ⑧ 세 소수의 덧셈과 뺄셈

· 예 0.5＋0.7＋1.1＝1.2＋1.1
　　　 ①　　　 ＝2.3
　　　　 ②

· 예 1.3＋0.4－0.6＝1.7－0.6
　　　 ①　　　 ＝1.1
　　　　 ②

· 세 소수의 덧셈과 뺄셈은 앞에서부터
두 수씩 차례로 계산합니다.

3

소
수
의
덧
셈
과
뺄
셈

1 소수 두 자리 수, 소수 세 자리 수 알아보기

· $\frac{1}{100}$ = 0.01 (영 점 영일)

· $\frac{1}{1000}$ = 0.001 (영 점 영영일)

1-1 모눈종이 전체의 크기가 1이라고 할 때 전체의 0.49만큼 색칠해 보시오.

1-2 분수를 소수로 나타내고 읽어 보시오.

$$\frac{724}{1000} = \boxed{}$$

( )

1-3 소수 6.843에서 소수 둘째 자리 숫자와 그 숫자가 나타내는 수를 차례로 쓰시오.

( ), ( )

1-4 9가 0.009를 나타내는 수를 찾아 기호를 쓰시오.

ㄱ 9.482 ㄴ 2.094
ㄷ 0.956 ㄹ 7.319

( )

1-5 1이 5개, $\frac{1}{10}$이 8개, $\frac{1}{100}$이 7개, $\frac{1}{1000}$이 2개인 수를 쓰시오.

( )

1-6 ㄱ과 ㄴ에 알맞은 수의 합을 구하시오.

· 0.28은 0.01이 ㄱ 개인 수입니다.
· 0.61은 0.01이 ㄴ 개인 수입니다.

( )

1-7 4장의 카드를 한 번씩 모두 사용하여 만들 수 있는 소수 두 자리 수는 모두 몇 개입니까?

1 4 7 .

( )

2 소수의 크기 비교

· 2.35 > 1.84 ⇨ 자연수 부분이 클수록 큰 수입니다.
2 > 1

· 4.86 < 4.89 ⇨ 자연수 부분이 같으면 소수 첫째 자리부터 차례로 비교합니다.
6 < 9

2-1 두 수의 크기를 비교하여 ○ 안에 >, =, <를 알맞게 써넣으시오.

2.457 ◯ 2.398

· 정답은 **21**쪽에

2-2 경주 불국사에는 국보 제 20호인 다보탑과 국보 제 21호인 삼층석탑이 있습니다. 다보탑과 삼층 석탑 중 더 높은 것은 무엇입니까?

다보탑
높이 10.29 m

삼층석탑
높이 10.75 m

(   )

2-3 2.6보다 크고 3.2보다 작은 수를 모두 찾아 쓰 시오.

3.24	2.75	2.89
2.06	2.549	3

(   )

2-4 가장 큰 수를 나타내는 것을 찾아 기호를 쓰시오.

> ⊙ 73.1
> ⊙ 0.001이 734개인 수
> ⊙ $\frac{1}{100}$이 736개인 수

(   )

---

3 **소수 사이의 관계 알아보기**

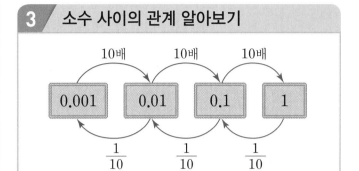

3-1 □ 안에 알맞은 수를 써넣으시오.

7의 $\frac{1}{10}$은 0.7이고, $\frac{1}{100}$은 □ 입니다.

3-2 잘못 말한 사람은 누구입니까?

> • 지아: 3.059의 100배는 305.9야.
> • 윤석: 57.4의 $\frac{1}{10}$은 5.74!
> • 하늘: 0.806의 100배는 8.6이지!

(   )

서술형

3-3 ⊙이 나타내는 수는 ⊙이 나타내는 수의 몇 배인지 풀이 과정을 쓰고 답을 구 하시오.

$\underset{⊙}{8} . 0 \underset{⊙}{8} 7$

풀이 _____

_____

_____

답 _____

· 소수 끝자리 0은 생략할 수 있습니다. ⇨ 2 = 2.0̸,   1.75 = 1.750̸

· 소수의 크기를 비교할 때에는 자연수 부분이 큰 수가 크고, 자연수 부분이 같을 때에는 소수 첫째 자리 수부터 차 례로 비교합니다.

3-4 다음 중에서 2.8과 같은 것을 모두 고르시오.
.... (   )

① 0.28의 1000배   ② 0.028의 100배

③ 28의 $\frac{1}{100}$ ④ 280의 $\frac{1}{10}$

⑤ 0.28의 10배

---

4 소수의 덧셈

• 소수점끼리 맞추어 세로로 쓰고 같은 자리 수끼리 더합니다.

$$
\begin{array}{r}
1 \\
0.6 \\
+\ 1.5 \\
\hline
2\,1
\end{array}
\qquad
\begin{array}{r}
1 \\
4.2\,8 \\
+\ 3.5\,7 \\
\hline
7\,8\,5
\end{array}
$$

4-1 계산을 하시오.

(1)
$$
\begin{array}{r}
1.2 \\
+\ 3.5 \\
\hline
\end{array}
$$

(2)
$$
\begin{array}{r}
0.6\,5 \\
+\ 0.7\,9 \\
\hline
\end{array}
$$

4-2 빈칸에 두 수의 합을 써넣으시오.

2.75	4.86

4-3 계산 결과가 같은 것끼리 선으로 이어 보시오.

0.3+0.9 •	• 0.6+0.9
0.8+0.7 •	• 0.7+0.5

4-4 계산이 잘못된 곳을 찾아 바르게 계산하고 틀린 이유를 쓰시오.

$$
\begin{array}{r}
0.6\,5 \\
+\ \ 0.2 \\
\hline
0.6\,7
\end{array}
\ \Rightarrow
$$

이유 _____

_____

4-5 다음과 같이 윗접시저울의 한쪽에는 숟가락을, 다른 쪽에는 분동 2개를 올렸더니 수평이 되었습니다. 분동의 무게가 각각 0.12 kg, 0.03 kg 이라면 숟가락의 무게는 몇 kg입니까?

양쪽 접시에 놓인 물건의 무게가 같을 때, 수평이 돼요.

(   )

4-6 □ 안에 0부터 9까지의 수 중에서 알맞은 수를 써넣으시오.

$$
\begin{array}{r}
5.\ \square\ \ 3 \\
+\ 2.8\ \square \\
\hline
\square\ .\ 4\ \ 7
\end{array}
$$

5 소수의 뺄셈

· 소수점끼리 맞추어 세로로 쓰고 같은 자리 수끼리 뺍니다.

```
     1  10
    2 . 3
  - 0 . 9
    1 ᵥ 4
```

```
       8  10
    6 . 9 5
  - 2 . 1 6
    4 ᵥ 7 9
```

5-1 계산을 하시오.

(1)
```
    5 . 7
  - 2 . 4
```

(2)
```
    8 . 0 1
  - 3 . 5 6
```

5-2 민재가 설명하는 수를 구하시오.

1.7보다 0.95 작은 수

민재

( )

5-3 빈칸에 알맞은 수를 써넣으시오.

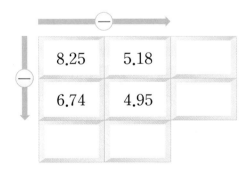

	−	
8.25	5.18	
6.74	4.95	

5-4 계산 결과가 큰 것부터 차례대로 기호를 쓰시오.

㉠ 0.7−0.2	㉡ 0.9−0.3
㉢ 0.6−0.4	㉣ 0.8−0.5

( )

서술형

5-5 0.27 kg짜리 사과 1개가 들어 있는 바구니의 무게가 0.63 kg입니다. 바구니만의 무게는 몇 kg인지 식을 쓰고 답을 구하시오.

식 _____

답 _____

5-6 물 3 L 중에서 수민이가 0.4 L를 마셨습니다. 남은 물은 몇 L입니까?

( )

5-7 □ 안에 알맞은 수를 구하시오.

$$\square + 0.37 = 0.65$$

( )

· 소수의 덧셈과 뺄셈은 소수점끼리 맞추어 세로로 쓰고 같은 자리 수끼리 계산합니다.
· 마지막에 소수점을 같은 자리에 찍는 것을 잊지 않도록 주의합니다.

3

소수의 덧셈과 뺄셈

응용 1 **수직선에 나타낸 소수 알아보기**

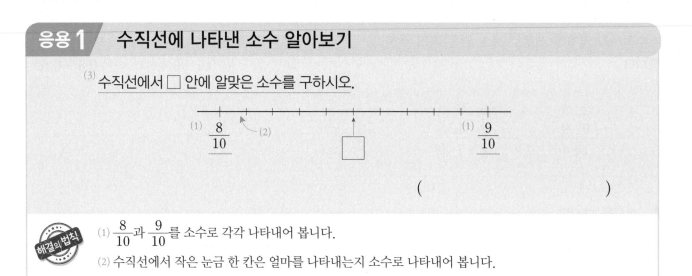

(3) 수직선에서 □ 안에 알맞은 소수를 구하시오.

(   )

해결의법칙

(1) $\dfrac{8}{10}$ 과 $\dfrac{9}{10}$ 를 소수로 각각 나타내어 봅니다.

(2) 수직선에서 작은 눈금 한 칸은 얼마를 나타내는지 소수로 나타내어 봅니다.

(3) □ 안에 알맞은 소수를 구해 봅니다.

예제 1-1   수직선에서 □ 안에 알맞은 소수를 구하시오.

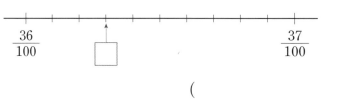

(   )

예제 1-2   길이가 0.1 km인 산책길에 다음과 같이 똑같은 간격으로 가로수 101그루가 심어져 있습니다. 첫 번째 가로수부터 35번째 가로수까지의 거리는 몇 km인지 구하시오. (단, 가로수의 굵기는 생각하지 않습니다.)

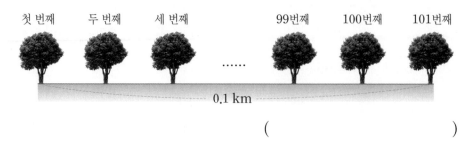

첫 번째   두 번째   세 번째   99번째   100번째   101번째

……   0.1 km

(   )

응용 2 조건에 맞는 소수 구하기

5장의 카드를 한 번씩 모두 사용하여 소수 세 자리 수를 만들려고 합니다. (1)소수 둘째 자리 숫자가 1인 /(2)가장 큰 소수 세 자리 수를 구하시오.

| 1 | 7 | 8 | 3 | . |

(   )

(1) 소수 둘째 자리 숫자가 1인 소수 세 자리 수의 모양을 알아봅니다.

(2) 소수 둘째 자리 숫자가 1인 가장 큰 소수 세 자리 수를 구해 봅니다.

예제 **2**-1   5장의 카드를 한 번씩 모두 사용하여 소수 세 자리 수를 만들려고 합니다. 민종이가 말하는 조건에 맞는 소수 세 자리 수를 구하시오.

민종   소수 셋째 자리 숫자가 4인 가장 작은 소수 세 자리 수를 만들어 봐!

| 4 | 2 | 9 | 5 | . |

(   )

예제 **2**-2   5장의 카드를 한 번씩 모두 사용하여 만들 수 있는 소수 세 자리 수 중 가장 작은 수와 둘째로 작은 수 사이에 있는 소수 두 자리 수를 구하시오.

| 5 | 9 | 8 | 6 | . |

(   )

3 소수의 덧셈과 뺄셈

응용 3 □ 안에 들어갈 수 있는 수 구하기

(1) 0부터 9까지의 수 중에서 □ 안에 들어갈 수 있는 /(2)가장 큰 수를 구하시오.

$$8.36 > 8.3\square$$

(   )

해결의 법칙

(1) □ 안에 들어갈 수 있는 수를 모두 구해 봅니다.

(2) □ 안에 들어갈 수 있는 가장 큰 수를 구해 봅니다.

예제 3-1 0부터 9까지의 수 중에서 □ 안에 들어갈 수 있는 가장 작은 수를 구하시오.

$$37.0\square8 > 37.065$$

(   )

예제 3-2 0부터 9까지의 수 중에서 □ 안에 들어갈 수 있는 수를 모두 구하시오.

$$5.146 < 5.1\square7 < 5.18$$

(   )

응용 **4** 소수 사이의 관계 활용하기

(1) 어떤 수의 100배가 413일 때 / (2) 어떤 수의 $\dfrac{1}{10}$은 얼마인지 구하시오.

( )

해결의 법칙
(1) 어떤 수를 구해 봅니다.
(2) 어떤 수의 $\dfrac{1}{10}$을 구해 봅니다.

예제 4 - 1 어떤 수의 10배가 39.5일 때 어떤 수의 $\dfrac{1}{10}$은 얼마인지 구하시오.

( )

예제 4 - 2 어떤 수의 $\dfrac{1}{10}$이 0.276일 때 어떤 수의 10배는 얼마인지 구하시오.

( )

어떤 수를 먼저 구해야 하는데……

거꾸로 생각하면 0.276의 10배는 어떤 수가 되는 거지!

예제 4 - 3 정아는 길이가 580 cm인 실의 $\dfrac{1}{10}$만큼 사용했고, 경수는 길이가 58 cm인 실의 $\dfrac{1}{100}$만큼 사용했습니다. 정아가 사용한 실의 길이는 경수가 사용한 실의 길이의 몇 배입니까?

( )

3

소수의 덧셈과 뺄셈

응용 5 소수의 계산 활용하기 (1)

(1) 0.1이 24개, 0.01이 59개인 수와 (2) 0.01이 62개, 0.001이 73개인 수의 (3) 합을 구하시오.

( )

해결의 법칙

(1) 0.1이 24개, 0.01이 59개인 수를 구해 봅니다.

(2) 0.01이 62개, 0.001이 73개인 수를 구해 봅니다.

(3) (1)과 (2)에서 구한 두 수의 합을 구해 봅니다.

예제 5-1 ㉮와 ㉯가 나타내는 수의 차를 구하시오.

> ㉮ 1이 5개, 0.1이 17개, 0.001이 64개인 수
> ㉯ 1이 8개, 0.01이 39개, 0.001이 25개인 수

( )

예제 5-2 세 사람이 나타내고 있는 수 중 가장 큰 수와 가장 작은 수의 합을 구하시오.

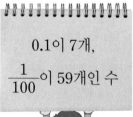

0.1이 7개, $\frac{1}{100}$이 59개인 수

민우

$\frac{1}{10}$이 8개, 0.01이 35개인 수

유미

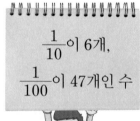

$\frac{1}{10}$이 6개, $\frac{1}{100}$이 47개인 수

재운

( )

응용 **6** 어떤 수 구하기

⁽²⁾어떤 수에 /⁽¹⁾2.65를 더해야 할 것을 잘못하여 빼었더니 7.038이 되었습니다. /⁽³⁾바르게 계산한 값을 구하시오.

(   )

(1) 어떤 수를 □라 하고 잘못 계산한 식을 세워 봅니다.

(2) 어떤 수를 구해 봅니다.

(3) 바르게 계산한 값을 구해 봅니다.

예제 6-1   어떤 수에서 1.8을 빼야 할 것을 잘못하여 더하였더니 10.01이 되었습니다. 바르게 계산한 값을 구하시오.

(   )

예제 6-2   같은 모양은 같은 수를 나타낼 때, ▲가 나타내는 수를 구하시오.

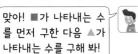

덧셈과 뺄셈의 관계를 이용해서 구하는 거지?

맞아! ■가 나타내는 수를 먼저 구한 다음 ▲가 나타내는 수를 구해 봐!

- ■ − 4.67 = 3.49
- ■ + ▲ = 13.245

(   )

응용7 **소수의 계산 활용하기 (2)**

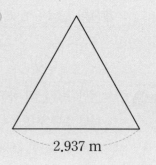

(1) 오른쪽 정삼각형의 /(3) 세 변의 길이의 합은 몇 m입니까? (2)

( )

2.937 m

(1) 정삼각형의 성질을 알아봅니다.

(2) 나머지 두 변의 길이를 알아봅니다.

(3) 세 변의 길이의 합은 몇 m인지 구해 봅니다.

예제 7 - 1 오른쪽 정삼각형의 세 변의 길이의 합은 몇 m입니까?

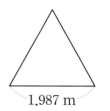

( ) 1.987 m

예제 7 - 2 오른쪽 그림과 같은 정삼각형과 이등 변삼각형이 있습니다. 각각의 삼각형 의 세 변의 길이의 합을 ㉮, ㉯라고 할 때, ㉮와 ㉯의 차는 몇 m입니까?

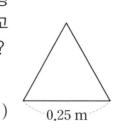

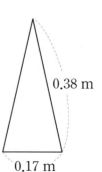

0.38 m

( )

0.25 m 0.17 m

· 정답은 **23**쪽에

(1) 한 장의 길이가 2.18 m인 색 테이프 3장을 /(2) 0.49 m씩 겹쳐서 이어 붙였습니다. /(3) 이어 붙인 색 테이프의 전체 길이는 몇 m입니까?

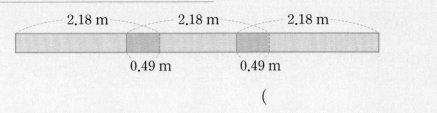

(   )

해결의 법칙

(1) 색 테이프 3장의 길이의 합을 구해 봅니다.

(2) 겹치는 부분의 길이의 합을 구해 봅니다.

(3) 이어 붙인 색 테이프의 전체 길이를 구해 봅니다.

예제 8-1   한 장의 길이가 3.45 m인 색 테이프 3장을 0.8 m씩 겹쳐서 이어 붙였습니다. 이어 붙인 색 테이프의 전체 길이는 몇 m입니까?

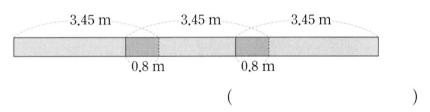

(   )

예제 8-2   ㉯에서 ㉰까지의 거리와 ㉰에서 ㉠까지의 거리의 차는 몇 km입니까?

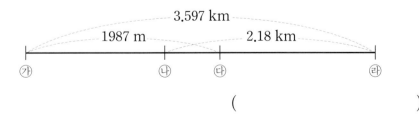

(   )

3

소수의 덧셈과 뺄셈

소수 사이의 관계

01 소수로 나타내었을 때, 생략할 수 있는 0이 있는 것을 찾
[유사] 아 기호를 쓰시오.

> ㉠ 20.3의 $\frac{1}{10}$ ㉡ 1020의 $\frac{1}{1000}$
>
> ㉢ 1.05의 10배   ㉣ 3.707의 100배

(   )

소수 사이의 관계   창의·융합

02 어떤 음료수 100 mL에 들어 있는 영양성분을 나타낸
[유사] 영양성분표입니다. 이 음료수 1 mL에 들어 있는 탄수
[동영상] 화물은 몇 g입니까?

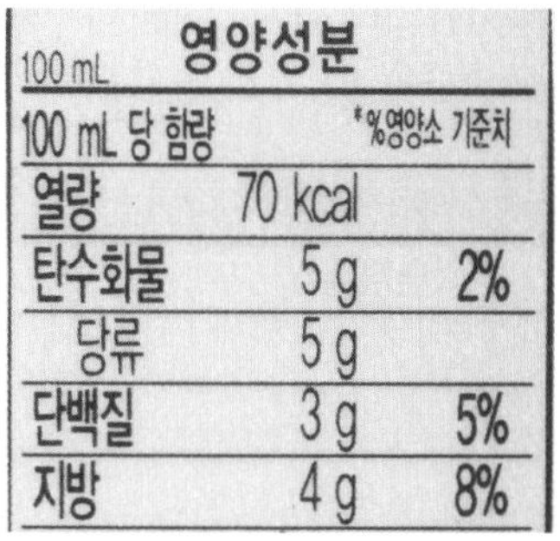

100 mL **영양성분**		
100 mL 당 함량		*%영양소 기준치
열량	70 kcal	
탄수화물	5 g	2%
당류	5 g	
단백질	3 g	5%
지방	4 g	8%

(   )

소수의 덧셈과 뺄셈

03 죽변에서 울릉도를 거쳐 독도를 가는 거리는 죽변에서 독
[유사] 도로 바로 갈 때의 거리보다 몇 km 더 먼지 구하시오.

울릉도

130.3 km   87.4 km

죽변   216.8 km   독도

(   )

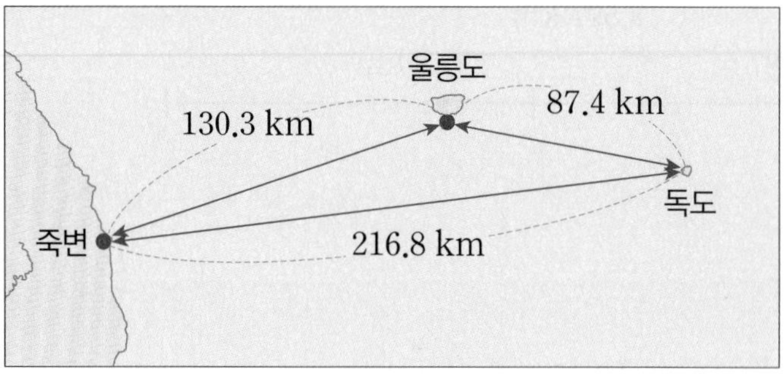

[유사] 표시된 문제의 유사 문제가 제공됩니다.
[동영상] 표시된 문제의 동영상 특강을 볼 수 있어요.
QR 코드를 찍어 보세요.

소수 사이의 관계

04 경식이가 말하는 수의 소수 첫째 자리 숫자가 나타내는
[유사] 수는 다빈이가 말하는 수의 소수 셋째 자리 숫자가 나타
[동영상] 내는 수의 몇 배입니까?

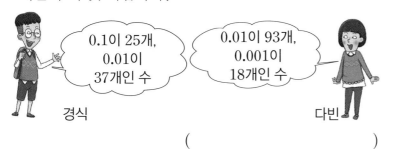

경식: 0.1이 25개, 0.01이 37개인 수

다빈: 0.01이 93개, 0.001이 18개인 수

( )

소수의 크기 비교

05 0부터 9까지의 수 중에서 □ 안에 들어갈 수 있는 수를
[유사] 모두 구하시오.

$$4\frac{125}{1000} < 4.1\square < 4.162$$

( )

[서술형] 소수의 뺄셈

06 6장의 카드 중에서 4장을 뽑아 한 번씩만 사용하여 소수
[유사] 두 자리 수를 만들려고 합니다. 만들 수 있는 가장 큰 수
[동영상] 와 가장 작은 수의 차를 구하는 풀이 과정을 쓰고 답을
구하시오.

| 7 | 3 | 0 | 9 | 4 | . |

( )

풀이

3

소수의 덧셈과 뺄셈

소수의 덧셈과 뺄셈   창의·융합

07 다음과 같이 네 가지 지폐의 세로는 6.8 cm로 모두 같습니다. 가로는 천 원짜리 지폐가 13.6 cm로 가장 짧고 금액이 커질 때마다 0.6 cm씩 길어집니다. 오만 원짜리 지폐의 가로는 세로보다 몇 cm 더 깁니까?
〔유사〕

오천 원 →   → 오만 원

6.8 cm

→ 만 원

13.6 cm

(   )

서술형 소수의 덧셈과 뺄셈

08 어떤 수에서 3.89를 뺐더니 7.45가 되었습니다. 어떤 수와 4.27의 합은 얼마인지 풀이 과정을 쓰고 답을 구하시오.
〔유사〕

풀이

(   )

소수의 덧셈과 뺄셈

09 가에서 라까지의 거리는 몇 km입니까?
〔유사〕
〔동영상〕

4.7 km   6.94 km

가   나   2.87 km   다   라

(   )

• 정답은 **26**쪽에

유사 표시된 문제의 유사 문제가 제공됩니다.
동영상 표시된 문제의 동영상 특강을 볼 수 있어요.
QR 코드를 찍어 보세요.

소수의 덧셈   창의·융합

10 옛날부터 사용해 온 우리말 무게 단위에는 관과 근이 있
유사 습니다. 한 관은 3750 g이고 한 근은 600 g입니다. 정
호가 전통시장에서 고구마 3관과 소고기 4근을 샀다면
정호가 산 음식은 모두 몇 kg입니까?

(   )

소수의 덧셈과 뺄셈

11 ■, ▲, ●는 0부터 9까지의 수 중에서 서로 다른 수를
유사 나타냅니다. □ 안에 알맞은 수를 써넣으시오. (단, 같은
동영상 모양은 같은 수를 나타냅니다.)

```
   ■ . ▲  8              ■ . ▲  8
 − ● . 7  3            + ● . 7  3
 ─────────            ─────────
   ● . 7  ■            □ . □  □
```

서술형 소수의 크기 비교

12 12.423보다 크고 12.6보다 작은 소수 세 자리 수 중에
유사 서 소수 첫째 자리 숫자와 소수 셋째 자리 숫자의 합이
동영상 10인 수는 모두 몇 개인지 풀이 과정을 쓰고 답을 구하
시오.

(   )

풀이

창의사고력

13 스키 점프는 비행 점수와 자세 점수를 합하여 순위를 정합니다. 그중에서 자세 점수는 5명의 심판이 채점한 점수 중 가장 높은 점수와 가장 낮은 점수를 뺀 나머지 3명의 점수의 합을 자세 점수로 합니다. 다음 세 선수 중에서 자세 점수가 가장 높은 선수를 쓰시오. (단, 가장 높은 점수나 가장 낮은 점수에서 같은 점수가 두 개일 경우 한 개를 뺍니다.)

자세 점수표

	심판 1	심판 2	심판 3	심판 4	심판 5
가 선수	17.0	17.5	18.5	18.5	18.0
나 선수	17.5	18.0	17.5	18.5	17.5
다 선수	18.0	18.0	17.5	18.0	17.5

( )

창의사고력

14 한 변의 길이가 1.2 cm인 정사각형 4개를 이어 붙여 만든 테트로미노가 있습니다. 이 테트로미노를 빈틈없이 붙여서 직사각형을 만들고 만든 직사각형의 가로와 세로는 몇 cm인지 각각 구하시오. (단, 같은 테트로미노를 여러 번 사용할 수 있고, 돌리거나 뒤집을 수 있습니다.)

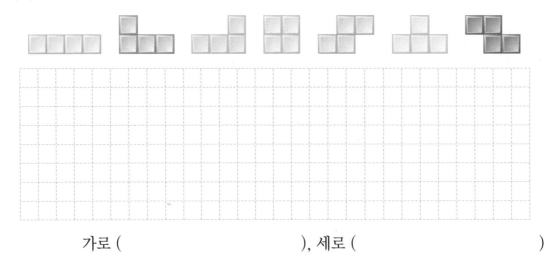

가로 ( ), 세로 ( )

3. 소수의 덧셈과 뺄셈

· 정답은 **27**쪽에

01 □ 안에 알맞은 소수를 써넣고 그 소수를 읽어 보시오.

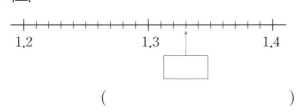

( )

02 육상 경기 기록은 소수 두 자리 수입니다. 다음 전광판에 나타난 기록의 소수 둘째 자리 숫자와 그 숫자가 나타내는 수를 차례로 쓰시오.

( ), ( )

03 7이 0.07을 나타내는 수는 어느 것입니까?
······( )

① 17.59 ② 0.752
③ 8.978 ④ 5.047
⑤ 74.6

04 두 수의 크기를 비교하여 ○ 안에 >, =, <를 알맞게 써넣으시오.

0.804 ○ 0.82

05 두 수의 차를 구하시오.

| 0.094 | 2.128 |

( )

서술형

06 다음이 나타내는 수의 소수 둘째 자리 숫자는 무엇인지 풀이 과정을 쓰고 답을 구하시오.

0.1이 42개, 0.01이 7개,
0.001이 3개인 수

풀이 _____

_____

답 _____

07 다음에서 잘못 나타낸 것을 찾아 기호를 쓰시오.

㉠ 4 m＝0.004 km
㉡ 35 g＝0.035 kg
㉢ 673 mL＝0.673 L
㉣ 800 m＝0.08 km

( )

3

소수의 덧셈과 뺄셈

08 축구 골대의 정식 규격은 다음과 같습니다. 축구 골대의 가로는 세로보다 몇 m 더 깁니까?

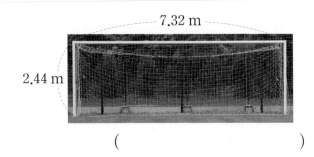

7.32 m

2.44 m

(   )

09 0부터 9까지의 수 중에서 □ 안에 들어갈 수 있는 수를 모두 구하시오.

$$8.\boxed{}7 > 8.69$$

(   )

10 □ 안에 알맞은 소수를 써넣으시오.

$$6.52 - \boxed{} = 4.78$$

11 ㉠이 나타내는 수는 ㉡이 나타내는 수의 몇 배입니까?

$$8\ .\ \underset{㉠}{2}\ 4\ \underset{㉡}{2}$$

(   )

12 빈 바구니 1개와 멜론 1개의 무게가 각각 다음과 같습니다. 무게가 같은 멜론 2개를 담은 바구니의 무게는 모두 몇 kg입니까?

0.84 kg   1.26 kg

(   )

13 영호네 반 학생들의 200 m 달리기 기록입니다. 가장 빠른 학생과 가장 느린 학생의 기록의 차는 몇 초입니까?

이름	영호	현수	재신	정민
기록(초)	25.4	24.63	25.11	24.07

(   )

14 어떤 수의 $\dfrac{1}{100}$은 0.523입니다. 어떤 수의 10배는 얼마인지 풀이 과정을 쓰고 답을 구하시오.

풀이 _____

_____

답 _____

15 어떤 소수 세 자리 수에 대해 경식, 성우, 다빈이가 설명하고 있습니다. 세 사람이 설명하는 소수 세 자리 수를 구하시오.

경식: 4.1보다 크고 4.2보다 작은 소수 세 자리 수야.

성우: 소수 첫째 자리 숫자와 소수 셋째 자리 숫자는 같아.

다빈: 소수 둘째 자리 숫자는 일의 자리 숫자의 2배야.

(   )

16 0부터 9까지의 수 중에서 □ 안에 공통으로 들어갈 수 있는 수를 구하시오.

$$48.983 < 48.9\square5 < 4\square.318$$

(   )

17 일의 자리 숫자가 7, 소수 첫째 자리 숫자가 3, 소수 둘째 자리 숫자가 0, 소수 셋째 자리 숫자가 5인 수보다 작은 수 중에서 7.3보다 큰 소수 세 자리 수는 모두 몇 개입니까?

(   )

18 □ 안에 0부터 9까지의 수 중에서 알맞은 수를 써넣으시오.

$$
\begin{array}{r}
3\;\square\;.\;1\;6\;\square \\
-\quad 9\;.\;2\;\square\;9 \\
\hline
2\;4\;.\;\square\;7\;6
\end{array}
$$

서술형

19 5장의 카드를 한 번씩 모두 사용하여 소수를 만들려고 합니다. 만들 수 있는 가장 큰 소수 한 자리 수와 가장 작은 소수 세 자리 수의 차를 구하는 풀이 과정을 쓰고 답을 구하시오.

[8] [1] [2] [4] [.]

풀이 _____

_____

_____

답 _____

20 똑같은 책 5권이 들어 있는 가방의 무게를 재었더니 2.08 kg이었습니다. 이 가방에서 책 2권을 빼고 다시 무게를 재어 보니 1.58 kg이었습니다. 빈 가방의 무게는 몇 kg입니까?

(   )

3

소수의 덧셈과 뺄셈

4 사각형

고누놀이는 우리 조상들이 즐기던 놀이 중 하나입니다.

말판에 말을 벌여놓고, 서로 많이 따먹거나 상대의 집을 차지하기를 겨루는 놀이입니다.

고누놀이는 언제 시작된 건지 알려지지 않았지만 오랜 역사를 가지고 있는 것임은 틀림없습니다. 고누놀이를 보며 친구들과 함께 수직과 평행에 대해 배워 볼까요?

김홍도 선생님의 그림에는 고누놀이를 하는 장면이 있다고 해요.

고누는 지역에 따라 꼬누, 고니, 꼬니, 꼰 등으로 불린다고 해요.

고누놀이 말판에서 수선과 평행선을 찾을 수 있어요.

출처: 국립중앙박물관

고누 놀이에는 햇빛고누, 호박고누, 나비고누 등 다양한 놀이가 있어요.
놀이마다 사용되는 말판도 모두 다르답니다.
수선과 평행선을 찾을 수 있는 말판은 어떤 것인지 알아볼까요?

햇빛고누

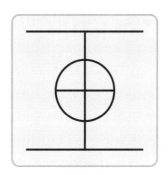
호박고누

나비고누

호박고누 말판에는 수선이 있어~

호박고누 말판에는 평행선도 있는 걸~

수선, 평행선이 어디 있는 거지?

수선과 평행선을 알아봅시다.

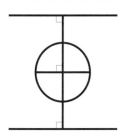

• 수선: 두 직선이 서로 수직으로 만나면 한 직선을 다른 직선에 대한 수선이라고 합니다.
• 평행선: 평행한 두 직선을 평행선이라고 합니다.

호박고누 말판에는 수선과 평행선이 3쌍씩 있습니다.

수직과 수선 알아보기

		정답	생각의 방향

❶ 두 직선이 만나서 이루는 각이 직각일 때, 두 직선은 서로 수직이라고 합니다. (○ , ×)

정답: ○

❷ 나　　다　　라

가

⇨ 직선 다는 직선 가에 대한 (수직 , 수선)입니다.

정답: 수선

생각의 방향: 두 직선이 서로 수직으로 만나면 한 직선을 다른 직선에 대한 수선이라고 합니다.

평행과 평행선 알아보기

❶ 서로 만나지 않는 두 직선을 평행하다고 합니다.
(○ , ×)

정답: ○

❷ 나　　다　　라　　마

가

⇨ 평행한 두 직선은 직선 나와 (직선 라 , 직선 마)입니다.

정답: 직선 마

생각의 방향: 한 직선에 수직인 두 직선은 서로 만나지 않습니다. 서로 만나지 않는 두 직선을 평행하다고 합니다.

❸ ㄱ　　　　ㄹ

ㄴ　　　　ㄷ

⇨ 서로 평행한 변은 변 ㄱㄴ과 변 ☐ , 변 ㄱㄹ
과 변 ☐ 입니다.

정답: ㄹㄷ, ㄴㄷ
또는
ㄷㄹ, ㄷㄴ

생각의 방향: 한 직선에 수직인 두 직선은 서로 평행합니다.

평행선 사이의 거리

❶ 평행선 사이에 그은 선분 중 길이가 가장 긴 선분이 평행선 사이의 거리입니다. (○ , ×)

정답: ×

❷ 7 cm　　9 cm

⇨ 평행선 사이의 거리는 ☐ cm입니다.

정답: 7

생각의 방향: 평행선의 한 직선에서 다른 직선에 수선을 그었을 때, 이 수선의 길이를 평행선 사이의 거리라고 합니다.

사다리꼴, 평행사변형, 마름모 알아보기

	정답	생각의 방향

❶ 마주 보는 한 쌍의 변이 서로 평행한 사각형을 사다리꼴이라고 합니다. (○ , ×)

○

평행한 변이 한 쌍이라도 있는 사각형을 사다리꼴이라고 합니다.

❷ 평행사변형은 마주 보는 두 변의 길이가 같습니다. (○ , ×)

○

평행사변형은 마주 보는 두 쌍의 변이 평행합니다.

❸ 네 변의 길이가 모두 같은 사각형을 (평행사변형 , 마름모)라고 합니다.

마름모

❹ 평행사변형

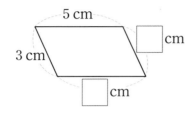

(위에서부터) 3, 5

평행사변형은 마주 보는 두 변의 길이가 같습니다.

❺ 마름모

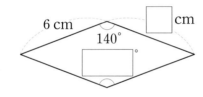

(위에서부터) 6, 140

마름모는 네 변의 길이가 모두 같고 마주 보는 두 각의 크기가 같습니다.

여러 가지 사각형 알아보기

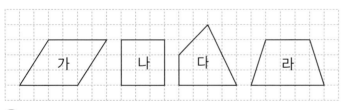

❶ 사다리꼴은 가, 나, 다, 라입니다. (○ , ×)

×

평행한 변이 한 쌍이라도 있는 사각형을 사다리꼴이라고 합니다.

❷ 평행사변형은 가, 나입니다. (○ , ×)

○

평행사변형은 마주 보는 두 쌍의 변이 평행합니다.

❸ 가는 평행사변형이지만 마름모는 아닙니다. (○ , ×)

○

네 변의 길이가 모두 같은 사각형을 마름모라고 합니다.

❹ 나는 정사각형이지만 마름모는 아닙니다. (○ , ×)

×

정사각형은 네 변의 길이가 모두 같고 네 각이 모두 직각입니다.

비법 ① 도형에서 서로 수직인 선분 찾기

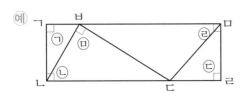

직각 찾기 ⇨ 직각을 이루고 있는 두 선분을 알아보기

(예)

① 직각: ㉠, ㉡, ㉢, ㉣, ㉤
② ㉠ 선분 ㄱㅁ과 선분 ㄱㄴ,   ㉡ 선분 ㄱㄴ과 선분 ㄴㄹ,
   ㉢ 선분 ㄴㄹ과 선분 ㄹㅁ,   ㉣ 선분 ㄹㅁ과 선분 ㄱㅁ,
   ㉤ 선분 ㄴㅂ과 선분 ㄷㅂ

비법 ② 두 직선이 수직일 때 각 사이의 관계

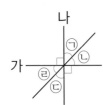

- ㉠+㉡=90°
- ㉡+90°+㉢=180°, ㉡+㉢=90° ⎤ ⇨ ㉠=㉢
- ㉢+㉣=90°
- ㉡+90°+㉢=180°, ㉡+㉢=90° ⎦ ⇨ ㉡=㉣

비법 ③ 평행선은 몇 쌍인지 찾기

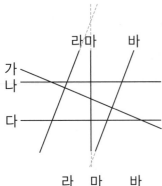

방법 1
선을 더 길게 그어 보았을 때 서로 만나지 않는 두 직선을 찾습니다.
⇨ 직선 나와 직선 다,
   직선 라와 직선 바

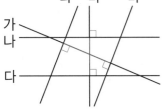

방법 2
두 직선과 동시에 수직인 직선을 그을 수 있으면 두 직선은 평행합니다.
⇨ 직선 나와 직선 다,
   직선 라와 직선 바

교·과·서 개념

- 두 직선이 만나서 이루는 각이 직각일 때, 두 직선은 서로 수직이라고 합니다.
- 두 직선이 서로 수직으로 만나면 한 직선은 다른 직선에 대한 수선이라고 합니다.

- 두 직선이 만날 때 서로 마주 보는 두 각의 크기는 같습니다.

- 한 직선에 수직인 두 직선을 그었을 때, 그 두 직선은 서로 만나지 않습니다. 이와 같이 서로 만나지 않는 두 직선을 평행하다고 합니다.
  이때 평행한 두 직선을 평행선이라고 합니다.

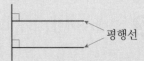

평행선

- 평행선의 한 직선에서 다른 직선에 수선을 긋습니다. 이때 이 수선의 길이를 평행선 사이의 거리라고 합니다.

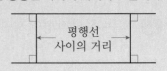

평행선 사이의 거리

비법 ④ 사각형의 성질 알아보기

사다리꼴	• 한 쌍의 변이 평행합니다.
평행사변형	• 마주 보는 두 변의 길이가 같습니다. • 마주 보는 두 각의 크기가 같습니다. • (이웃한 두 각의 크기의 합)=180°
마름모	• 네 변의 길이가 모두 같습니다. • 마주 보는 두 각의 크기가 같습니다. • (이웃한 두 각의 크기의 합)=180°
직사각형	• 마주 보는 두 변의 길이가 같습니다. • 네 각이 모두 직각입니다.
정사각형	• 네 변의 길이가 모두 같습니다. • 네 각이 모두 직각입니다.

비법 ⑤ 평행사변형에서 각의 크기 구하기

• 예 ㉠의 각도 구하기

평행사변형에서 이웃한 두 각의 크기의 합: 180°
$120°+㉠=180° ⇨ ㉠=180°-120°=60°$

비법 ⑥ 마름모에서 변의 길이 구하기

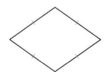

• (마름모의 네 변의 길이의 합)=(한 변의 길이)×4
• (마름모의 한 변의 길이)=(네 변의 길이의 합)÷4

비법 ⑦ 사각형 사이의 관계 알아보기

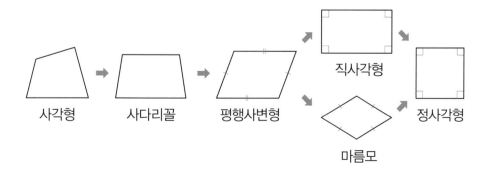

교·과·서 개념

• **사다리꼴**: 평행한 변이 한 쌍이라도 있는 사각형

• **평행사변형**: 마주 보는 두 쌍의 변이 서로 평행한 사각형

• **마름모**: 네 변의 길이가 모두 같은 사각형

• 이웃한 두 각의 크기의 합
⑴ 평행사변형의 마주 보는 두 각의 크기가 같습니다.

⑵ 사각형의 네 각의 크기의 합은 360°입니다.
$\underset{180°}{120°+60°}+\underset{180°}{120°+60°}=360°$

⇨ 이웃한 두 각의 크기의 합은 180°입니다.

• 평행사변형은 사다리꼴입니다.
• 직사각형은 사다리꼴, 평행사변형입니다.
• 마름모는 사다리꼴, 평행사변형입니다.
• 정사각형은 사다리꼴, 평행사변형, 마름모, 직사각형입니다.

4 사각형

1 수직 알아보고 수선 긋기

• 두 직선이 만나서 이루는 각이 직각일 때, 두 직선은 서로 수직이라고 합니다.

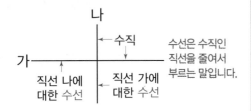

2 평행 알아보고 평행선 긋기

• 한 직선에 수직인 두 직선과 같이 서로 만나지 않는 두 직선을 평행하다고 합니다.
• 평행한 두 직선을 평행선이라고 합니다.

1-1 서로 수직인 직선은 모두 몇 쌍입니까?

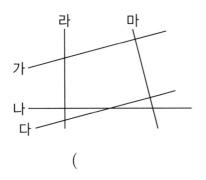

(　　　　　　　　)

2-1 서로 평행한 직선을 찾아 쓰시오.

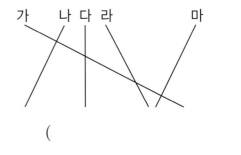

(　　　　　　　　)

창의·융합

2-2 연서가 미술 시간에 붓글씨로 글자를 썼습니다. 평행선이 있는 글자는 모두 몇 개입니까?

(　　　　　　　　)

1-2 각도기를 사용하여 주어진 직선에 대한 수선을 그어 보시오.

1-3 점 ㄱ을 지나고 직선 가에 수직인 직선을 그어 보시오.

2-3 점 ㄱ을 지나고 직선 가와 평행한 직선을 그어 보시오.

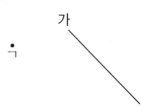

2-4 도형에서 변 ㄱㅇ과 평행한 변을 모두 찾아 쓰시오.

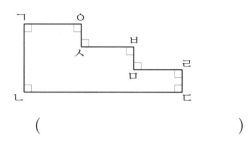

( )

3 평행선 사이의 거리

- 평행선의 한 직선에서 다른 직선에 그은 수선의 길이를 평행선 사이의 거리라고 합니다.
- 평행선 사이에 그은 수선의 길이는 모두 같습니다.

3-1 직선 가와 직선 나는 서로 평행합니다. 평행선 사이의 거리를 나타내는 선분을 찾아 기호를 쓰시오.

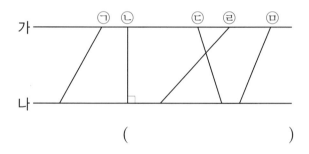

( )

3-2 도형에서 평행선 사이의 거리는 몇 cm입니까?

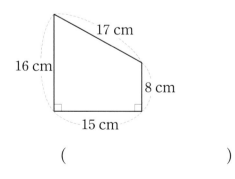

( )

3-3 직선 가와 직선 나는 서로 평행합니다. 잘못 설명한 사람은 누구입니까?

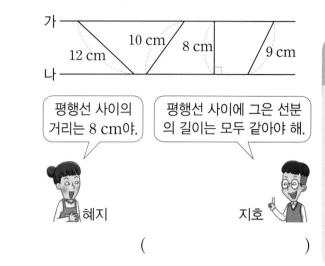

> 평행선 사이의 거리는 8 cm야.
>
> 혜지

> 평행선 사이에 그은 선분의 길이는 모두 같아야 해.
>
> 지호

( )

서술형

3-4 직선 가, 직선 나, 직선 다는 서로 평행합니다. 직선 가와 직선 다 사이의 거리가 17 cm일 때, 직선 가와 직선 나 사이의 거리는 몇 cm인지 풀이 과정을 쓰고 답을 구하시오.

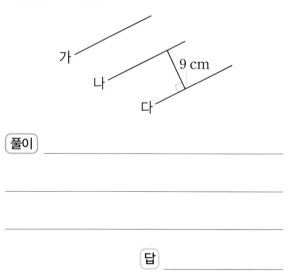

풀이 _____

_____

_____

답 _____

 해결의 창
- 한 직선에 수직인 직선은 셀 수 없이 많이 그을 수 있으므로 한 직선에 대한 수선은 셀 수 없이 많습니다. 다만, 한 점을 지나는 수선은 1개만 그을 수 있습니다.
- 평행선 사이에 그은 선분 중 수선의 길이가 가장 짧고 그 길이는 모두 같습니다.

4 사다리꼴 알아보기

평행한 변이 한 쌍이라도 있는 사각형을 사다리꼴이라고 합니다.

4-1 사다리꼴을 모두 찾아 기호를 쓰시오.

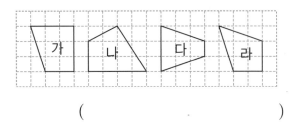

(   )

4-2 점 종이에 서로 다른 사다리꼴을 2개 그려 보시오.

4-3 직사각형 모양의 종이띠를 선을 따라 잘랐을 때 만들어진 도형 중 사다리꼴을 모두 찾아 기호를 쓰시오.

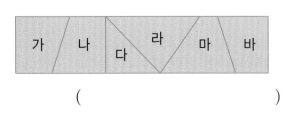

(   )

5 평행사변형 알아보기

마주 보는 두 쌍의 변이 서로 평행한 사각형을 평행사변형이라고 합니다.

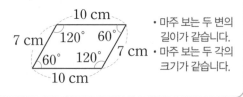

• 마주 보는 두 변의 길이가 같습니다.
• 마주 보는 두 각의 크기가 같습니다.

5-1 평행사변형을 완성해 보시오.

5-2 오른쪽 사각형 ㄱㄴㄷㄹ에 대한 설명으로 **틀린** 것을 찾아 기호를 쓰시오.

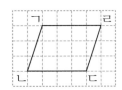

> ㉠ 사각형 ㄱㄴㄷㄹ은 평행사변형입니다.
> ㉡ 변 ㄱㄴ과 변 ㄹㄷ의 길이가 같습니다.
> ㉢ 각 ㄱㄴㄷ과 각 ㄴㄷㄹ의 크기가 같습니다.

(   )

서술형

5-3 오른쪽 평행사변형 ㄱㄴㄷㄹ의 네 변의 길이의 합은 26 cm입니다. 변 ㄱㄹ의 길이는 몇 cm인지 풀이 과정을 쓰고 답을 구하시오.

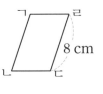

풀이 _____

_____

_____

답 _____

6 마름모 알아보기

네 변의 길이가 모두 같은 사각형을 마름모라고 합니다.

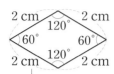

• 마주 보는 두 쌍의 변이 서로 평행합니다.
• 마주 보는 두 각의 크기가 같습니다.

• 마주 보는 꼭짓점끼리 이은 선분이 서로 수직으로 만나고 이등분합니다.

6-1 마름모를 모두 찾아 기호를 쓰시오.

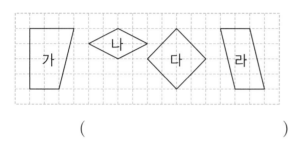

(   )

6-2 마름모의 □ 안에 알맞은 수를 써넣으시오.

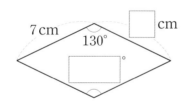

창의·융합

6-3 색을 칠한 유리를 잘라 다양한 무늬나 그림으로 나타낸 장식용 유리를 스테인드글라스라고 합니다. 오른쪽 마름모 모양의 스테인드글라스에서 ㉠의 각도를 구하시오.

(   )

서술형

6-4 오른쪽 마름모에서 ㉠의 각도는 ㉡의 각도의 2배입니다. ㉡의 각도는 몇 도인지 풀이 과정을 쓰고 답을 구하시오.

풀이 _____

_____

_____

답 _____

7 여러 가지 사각형 알아보기

• 직사각형은 평행사변형, 사다리꼴입니다.
• 정사각형은 마름모, 직사각형, 평행사변형, 사다리꼴입니다.

7-1 다음 중 직사각형이라고 말할 수 있는 것은 어느 것입니까?·············· (   )

① 사다리꼴   ② 평행사변형
③ 마름모   ④ 정사각형
⑤ 정삼각형

7-2 직사각형과 마름모의 네 변의 길이의 합이 같을 때 마름모의 한 변의 길이는 몇 cm입니까?

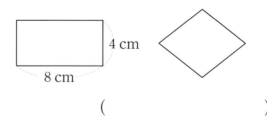

(   )

 • 평행사변형과 마름모에서 이웃한 두 각의 크기의 합은 180°입니다.

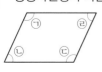   ⇨ ㉠+㉡=180°, ㉡+㉢=180°, ㉢+㉣=180°, ㉠+㉣=180°

STEP 2 응용 유형 익히기

응용 1 **평행선 알아보기**

오른쪽 [(1), (2)] 도형에서 찾을 수 있는 평행선은 / [(3)] 모두 몇 쌍입니까?

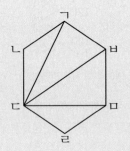

(   )

(1) 도형을 둘러싸고 있는 선분 중에서 평행선은 몇 쌍인지 알아봅니다.

(2) 선분 ㄷㅂ과 평행한 선분은 몇 쌍인지 알아봅니다.

(3) 도형에서 찾을 수 있는 평행선은 모두 몇 쌍인지 구해 봅니다.

예제 1-1 오른쪽 도형에서 찾을 수 있는 평행선은 모두 몇 쌍입니까?

(   )

예제 1-2 선우가 음악 시간에 악보를 보다가 평행선을 찾았습니다. 다음 악보에서 찾을 수 있는 평행선은 모두 몇 쌍입니까?

(   )

· 정답은 **32**쪽에

응용 **2** 평행선 사이의 거리 구하기

오른쪽 도형에서 변 ㄱㅂ과 변 ㄴㄷ은 서로 평행합니다. (2) 이 평행선 사이의 거리는 몇 cm입니까?

(1)

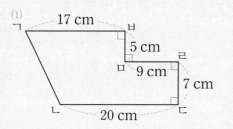

(   )

(1) 변 ㄱㅂ에서 변 ㄴㄷ에 수선을 그어 봅니다.

(2) (1)에서 그은 수선의 길이는 몇 cm인지 구해 봅니다.

예제 **2** - **1** 오른쪽 도형에서 변 ㄱㅇ과 변 ㄴㄷ은 서로 평행합니다. 이 평행선 사이의 거리는 몇 cm입니까?

(   )

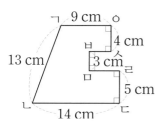

예제 **2** - **2** 가장 먼 평행선 사이의 거리와 가장 가까운 평행선 사이의 거리의 차를 구하시오.

(   )

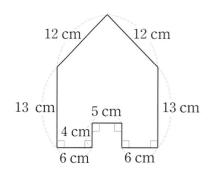

응용**3** 수선 알아보기

오른쪽에서 직선 가는 직선 나에 대한 수선입니다. $^{(3)}$㉠과 ㉡의 각도의 차를 구하시오.

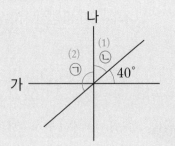

(   )

해결의 법칙

(1) ㉡의 각도를 구해 봅니다.

(2) ㉠의 각도를 구해 봅니다.

(3) ㉠과 ㉡의 각도의 차를 구해 봅니다.

예제 **3**-1 오른쪽에서 직선 가는 직선 나에 대한 수선입니다. ㉠과 ㉡의 각도의 차를 구하시오.

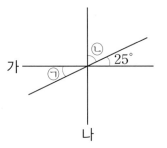

(   )

예제 **3**-2 오른쪽에서 직선 가는 직선 나에 대한 수선입니다. ㉠과 ㉡의 각도의 차를 구하시오.

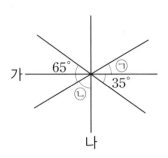

(   )

· 정답은 **32**쪽에

응용 **4**   크고 작은 도형의 개수 구하기

오른쪽은 크기가 같은 정사각형 4개로 만든 도형입니다. 오른쪽 도형에서
⁽³⁾ 찾을 수 있는 <u>크고 작은 정사각형</u>은 모두 몇 개입니까?

(   )

(1) 작은 정사각형 1개짜리 정사각형은 몇 개인지 구해 봅니다.

(2) 작은 정사각형 4개짜리 정사각형은 몇 개인지 구해 봅니다.

(3) 찾을 수 있는 크고 작은 정사각형은 모두 몇 개인지 구해 봅니다.

예제 **4**-1   오른쪽은 크기가 같은 평행사변형 6개로 만든
도형입니다. 도형에서 찾을 수 있는 크고 작은
평행사변형은 모두 몇 개입니까?

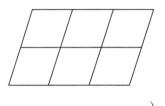

(   )

예제 **4**-2   장기판에서 장군 말을 놓는 곳은 다음과 같이 한 각이 직각인 이등변삼각형
8개로 이루어져 있습니다. 이 도형에서 찾을 수 있는 크고 작은 사다리꼴은
모두 몇 개입니까?

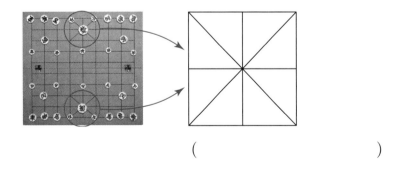

(   )

응용 5 | **여러 가지 사각형을 이용하여 변의 길이 구하기**

사각형 ㄱㄴㄷㄹ은 평행사변형입니다. [3]변 ㄱㄹ의 길이는 몇 cm입니까?

(   )

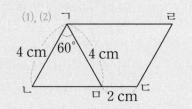

 (1) 각 ㄱㄴㅁ과 각 ㄱㅁㄴ의 크기를 구해 봅니다.

(2) 선분 ㄴㅁ의 길이를 구해 봅니다.

(3) 변 ㄱㄹ의 길이를 구해 봅니다.

예제 **5-1** 오른쪽 사각형 ㄱㄴㄷㄹ은 평행사변형입니다. 변 ㄱㄹ의 길이는 몇 cm입니까?

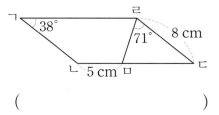

(   )

예제 **5-2**

 마름모의 네 변의 길이는 같아!

먼저 한 변의 길이를 구해 보자!

오른쪽은 크기가 같은 마름모 3개를 이어 붙여 만든 도형입니다. 빨간 선의 길이가 84 cm일 때, 마름모 한 개의 네 변의 길이의 합은 몇 cm입니까?

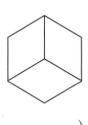

(   )

• 정답은 **32**쪽에

응용 6 평행선과 한 직선이 만날 때 생기는 각의 크기 알아보기

오른쪽에서 직선 가와 직선 나는 서로 평행합니다. ⁽³⁾★의
각도를 구하시오.

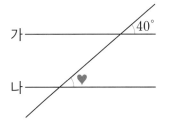

(   )

 (1) 점 ㄱ에서 직선 나에 수선을 그어 직선 나와 만나는 곳에 점 ㄷ을 찍어 봅니다.

(2) 직선 가와 직선 나 사이에 만들어진 도형을 알아봅니다.

(3) ★의 각도를 구해 봅니다.

예제 6-1 오른쪽에서 직선 가와 직선 나는 서로 평행합니다. ♥의 각도를 구하시오.

(   )

예제 6-2 오른쪽에서 직선 가와 직선 나는 서로 평행합니다. 각 ㄱㄴㄷ의 크기를 구하시오.

(   )

응용 7 평행사변형의 성질 활용하기

오른쪽 사각형은 ^{(1), (2)}네 변의 길이의 합이 38 cm인 평행사변형입니다. 변 ㄴㄷ의 길이는 변 ㄱㄴ의 길이보다 5 cm 더 깁니다. /⁽³⁾ 변 ㄴㄷ의 길이는 몇 cm입니까?

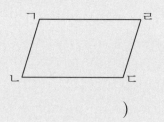

( )

 ⑴ 변 ㄱㄴ의 길이를 □ cm라 하여 평행사변형 ㄱㄴㄷㄹ의 네 변의 길이의 합을 구하는 식을 세워 봅니다.

⑵ 변 ㄱㄴ의 길이를 구해 봅니다.

⑶ 변 ㄴㄷ의 길이를 구해 봅니다.

예제 7 - 1

짧은 변의 길이를 □ cm라고 해 봐!

긴 변의 길이는 (□+□) cm가 되겠네!

오른쪽 평행사변형의 네 변의 길이의 합은 102 cm이고, 긴 변의 길이가 짧은 변의 길이의 2배입니다. 평행사변형의 긴 변과 짧은 변의 길이를 각각 구하시오.

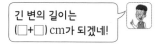

긴 변 ( )

짧은 변 ( )

예제 7 - 2

평행사변형을 크기가 같은 정삼각형 16개로 나눈 것입니다. 나누기 전 평행사변형의 네 변의 길이의 합이 72 cm일 때, 빨간 선의 길이를 구하시오.

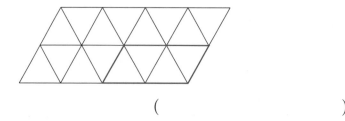

( )

응용 8 · 마름모의 성질 활용하기

마름모에서 (3)㉠과 ㉡의 각도의 합을 구하시오.

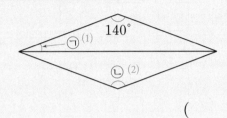

( )

해결의 법칙

(1) ㉠의 각도를 구해 봅니다.

(2) ㉡의 각도를 구해 봅니다.

(3) ㉠과 ㉡의 각도의 합을 구해 봅니다.

예제 8-1 오른쪽 마름모에서 ㉠의 각도는 ㉡의 각도의 4배
입니다. ㉠, ㉡, ㉢의 각도를 각각 구하시오.

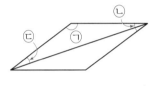

㉠ ( )

㉡ ( )

㉢ ( )

예제 8-2 오른쪽 도형은 똑같은 마름모 3개를 겹치지 않게
변끼리 붙여서 만든 것입니다. □ 안에 알맞은 수
를 구하시오.

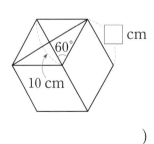

( )

평행

01 오른쪽 도형에서 변 ㄱㄴ과 서
[유사] 로 평행한 변은 모두 몇 개입니
까?

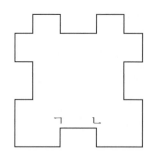

(   )

평행사변형

02 오른쪽 사각형 ㄱㄴㄷㄹ은 사
[유사] 다리꼴입니다. 변 ㄱㄴ에 평행
한 선분 ㄹㅁ을 그었을 때 선분
ㅁㄷ의 길이는 몇 cm입니까?

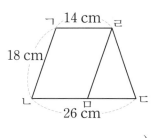

(   )

수직과 평행선   창의·융합

03 기차가 다니는 길에는 레일과 침목이 있습니다. 레일은
[유사] 서로 평행하고, 레일과 침목은 서로 수직입니다. 다음
그림에서 ㉠과 ㉡의 각도의 합을 구하시오.

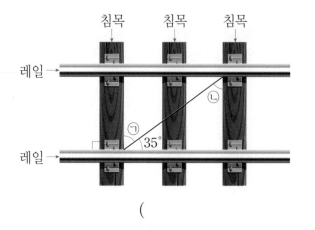

(   )

유사 표시된 문제의 유사 문제가 제공됩니다.
동영상 표시된 문제의 동영상 특강을 볼 수 있어요.
QR 코드를 찍어 보세요.

4 사각형

서술형 마름모

04 사각형 ㄱㄴㄷㄹ은 마름모입니다. 각 ㄱㄷㄹ의 크기는
유사 몇 도인지 풀이 과정을 쓰고 답을 구하시오.

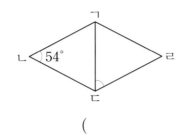

( )

풀이

수직과 평행

05 현지가 공책에 선분 ㄱㄴ과 평행한 선분 ㄹㄷ을 긋고,
유사 선분 ㄱㄴ과 수직인 선분 ㄱㄷ을 그어 도형을 만들었습
니다. ㉠의 각도를 구하시오.

창의·융합

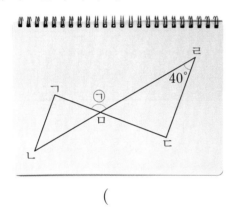

( )

평행사변형

06 똑같은 평행사변형 2개를 겹쳐 놓은 것입니다. ㉠의 각
유사 도를 구하시오.
동영상

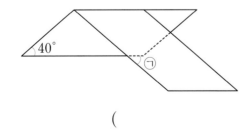

( )

여러 가지 사각형

07 직사각형 모양의 종이에서 찾을 수 있는 크고 작은 평행
유사 사변형의 개수와 크고 작은 직사각형의 개수의 차를 구
하시오.

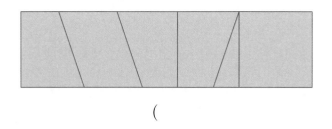

( )

서술형 사다리꼴, 평행사변형

08 사각형 ㄱㄴㄷㄹ은 사다리꼴이고 사각형 ㄱㄴㅁㄹ은 평
유사 행사변형입니다. 사각형 ㄱㄴㅁㄹ의 네 변의 길이의 합
동영상 은 몇 cm인지 풀이 과정을 쓰고 답을 구하시오.

풀이

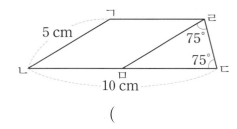

( )

평행선 사이의 거리   **창의·융합**

09 도로의 차선들은 일정한 거리로 모두 서로 평행합니다.
유사 다음 도로에서 가장 먼 차선 사이의 거리는 몇 m인지
동영상 구하시오. (단, 차선의 굵기는 생각하지 않습니다.)

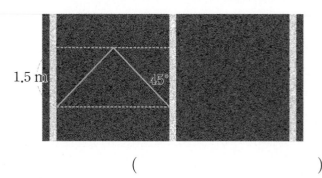

( )

유사 표시된 문제의 유사 문제가 제공됩니다.
동영상 표시된 문제의 동영상 특강을 볼 수 있어요.
QR 코드를 찍어 보세요.

평행선 사이의 거리

10 다음 그림과 같은 규칙으로 수직인 선분을 계속 이어 그
유사 으려고 합니다. 그은 선분이 모두 15개일 때, 가장 먼 평
동영상 행선 사이의 거리는 몇 cm입니까?

2 cm   4 cm

5 cm   ⋯⋯

1 cm   3 cm

(   )

마름모

11 크기가 같은 정삼각형 27개로 만든 도형입니다. 이 도형
유사 에서 찾을 수 있는 크고 작은 마름모는 모두 몇 개입니
동영상 까?

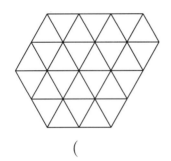

(   )

서술형 마름모

12 오른쪽 사각형 ㄱㄴㄷㄹ은 마름모이고
유사 각 ㄱㄴㄷ의 크기는 각 ㄴㄷㄹ의 크기의
동영상 3배입니다. ㉠은 몇 도인지 풀이 과정을
쓰고 답을 구하시오.

풀이

(   )

창의사고력

13 칠교판 조각으로 사다리꼴을 만들어 보시오.

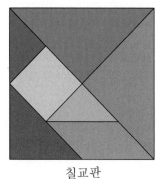 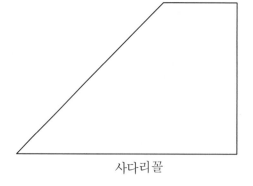

칠교판   사다리꼴

창의사고력

14 어떤 공을 다음과 같이 화살표 방향으로 굴리면 공은 벽에 튕긴 후 굴러왔던 방향과 수직인 방향으로 굴러간다고 합니다. 가에서 굴린 공이 나에 도착하려면 공은 벽에 몇 번 튕겨야 하는지 구하시오.

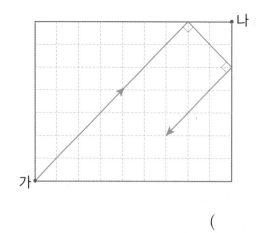

(   )

4. 사각형

점수

· 정답은 **38**쪽에

01 직선 가와 직선 나는 서로 평행합니다. 평행선 사이의 거리를 나타내는 선분을 모두 고르시오.

……………………………………… (   )

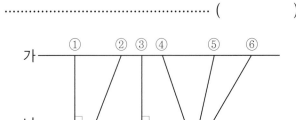

02 점 ㄱ을 지나고 직선 가에 수직인 직선과 점 ㄱ을 지나고 직선 가와 평행한 직선을 각각 그어 보시오.

03 점 종이에 서로 다른 마름모를 2개 그려 보시오.

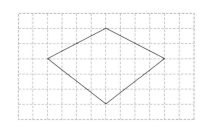

04 도형에서 평행선이 2쌍이 되도록 꼭짓점을 한 개 옮겨서 그려 보시오.

05 평행사변형이지만 마름모는 아닌 사각형을 모두 찾아 기호를 쓰시오.

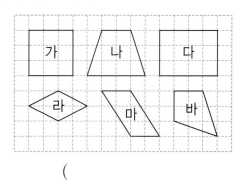

(   )

06 바둑판 위에 놓여 있는 바둑돌 4개를 선분으로 이으면 사다리꼴이 되도록 바둑돌을 한 개만 옮겨 보시오.

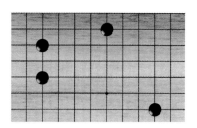

07 선분 ㄴㅅ에 대한 수선은 무엇인지 풀이 과정을 쓰고 답을 구하시오.

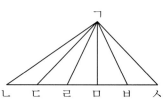

풀이 _____

_____

_____

답 _____

08 평행사변형의 □ 안에 알맞은 수를 써넣으시오.

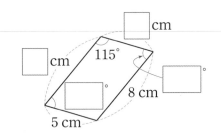

창의·융합

09 세 사람의 대화를 읽고 바르게 설명한 사람을 찾아 이름을 쓰시오.

경식: 한 직선과 평행한 직선은 한 개야.

성우: 평행선 사이의 거리는 평행선 사이의 가장 긴 선분의 길이야.

다빈: 한 직선에 수직인 두 직선은 서로 평행해.

( )

서술형

10 다음과 같이 만든 마름모의 한 변의 길이는 몇 cm 인지 풀이 과정을 쓰고 답을 구하시오.

─── [마름모 만들기] ───
① 길이가 68 cm인 끈을 모두 사용하기
② 가장 큰 마름모 만들기

풀이 _____

_____

답 _____

11 오른쪽 도형에서 변 ㄱㄴ 과 변 ㄴㄷ은 서로 수직 입니다. ㉠의 각도를 구 하시오.

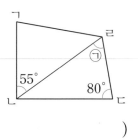

( )

12 직선 가와 직선 다가 서로 수직이고, 직선 나와 직 선 라가 서로 수직일 때, ㉠과 ㉡의 각도를 각각 구 하시오.

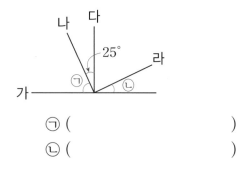

㉠ ( )
㉡ ( )

13 다음 도형에서 찾을 수 있는 크고 작은 사다리꼴은 모두 몇 개입니까?

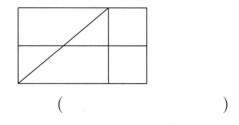

( )

14 평행사변형과 정사각형을 이어 붙여 만든 도형입 니다. □ 안에 알맞은 수를 써넣으시오.

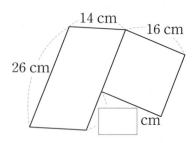

· 정답은 38쪽에

서술형

15 직선 가, 직선 나, 직선 다는 서로 평행합니다. 직선 가와 직선 다 사이의 거리는 몇 cm인지 풀이 과정을 쓰고 답을 구하시오.

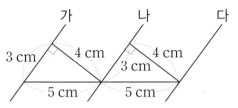

풀이 _____

_____

_____

답 _____

16 평행사변형 ㄱㄴㄷㄹ의 네 변의 길이의 합은 38 cm입니다. 변 ㄱㄴ의 길이는 몇 cm입니까?

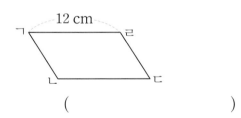

( )

17 사각형 ㄱㄴㄷㄹ은 마름모입니다. 각 ㄱㄹㄷ의 크기는 몇 도입니까?

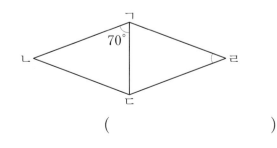

( )

18 직선 가와 직선 나는 서로 평행입니다. 각 ㄱㄴㄷ의 크기를 구하시오.

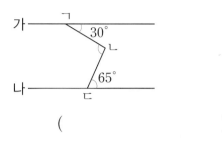

( )

19 어느 지하철역 앞의 교차로입니다. 마주 보는 도로끼리 서로 평행하다고 할 때, ㉠+㉢과 ㉡+㉣의 차를 구하시오.

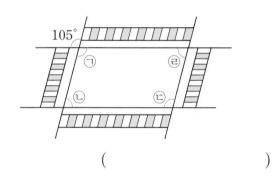

( )

20 다음과 같이 정사각형 모양의 색종이를 접었습니다. ㉠의 각도를 구하시오.

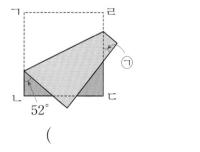

( )

5 꺾은선그래프

다빈이가 경식, 성우와 함께 기상청에 왔어요.
기상청은 일기예보, 기상특보, 기후변화 감시 등의 일을 하는 곳이에요.
매일 텔레비전에서 볼 수 있는 날씨 예상 뉴스는 기상청에서 나오는 정보를 토대로 한
것이랍니다. 기상청에서 친구들과 함께 꺾은선그래프에 대해 배워 볼까요?

이미 배운 내용	이번에 **배울 내용**	앞으로 배울 내용
[3-2 그림그래프] ・그림그래프 알아보기 [4-1 막대그래프] ・막대그래프 알아보기 ・막대그래프 그리기	・꺾은선그래프 알아보기 ・꺾은선그래프 내용 알아보기 ・꺾은선그래프 그리기 ・자료를 조사하여 꺾은선그래프 그리기	[5-2 평균과 가능성] ・자료와 표현 [6-1 여러 가지 그래프] ・비율그래프 알아보기 ・비율그래프 그리기

기상청에는 여러 가지 날씨 정보를 수집하는 장비들이 많이 있어요. 그중에서 백엽상은 온도와 습도를 재는 장비랍니다. 백엽상으로 잰 시각별 온도의 변화를 알 수 있는 방법을 알아볼까요?

▲ 백엽상 외부 모습

▲ 백엽상 내부 모습

백엽상으로 잰 매 시각의 온도를 표로 나타내어 봤어.

기상청의 온도

시각	온도(℃)
오전 10시	17.5
오전 11시	17.7
낮 12시	18
오후 1시	18.4
오후 2시	18.9

기상청의 온도는 어떤 그래프로 나타내면 좋을까?

꺾은선그래프로 나타내면 좋아.

기상청의 온도

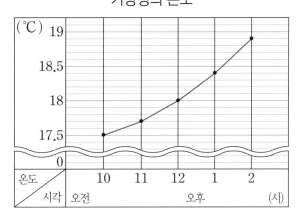

꺾은선그래프로 나타내니까 온도의 변화를 한눈에 알 수 있구나.

메타인지 개념학습

꺾은선그래프, 꺾은선그래프 내용 알아보기

| | 정답 | 생각의 방향 |

자전거 판매량

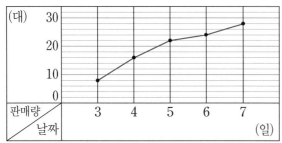

❶ 위와 같이 수량을 점으로 표시하고, 그 점들을 선분으로 이어 그린 그래프를 꺾은선그래프라고 합니다. (○ , ×)

○

❷ 그래프에서 가로에는 (날짜 , 판매량), 세로에는 (날짜 , 판매량)을/를 나타내었습니다.

날짜, 판매량

그래프에서 가로와 세로에 각각 무엇을 썼는지 알아봅니다.

❸ 세로 눈금 한 칸은 (1대 , 2대 , 3대)를 나타냅니다.

2대

세로 눈금 ■칸이 ●를 나타내면 세로 눈금 한 칸은 (● ÷ ■)를 나타냅니다.

❹ 변화가 심할 때에는 그래프에서 선의 기울어진 정도가 (작습니다 , 큽니다).

큽니다

그래프에서 선이 많이 기울어질수록 변화가 심한 것이고, 선이 적게 기울어질수록 변화가 적은 것입니다.

❺ 5일에 판매한 자전거는 (21대 , 22대)입니다.

22대

❻ 전날에 비해 자전거 판매량이 가장 많이 늘어난 날은 ☐일입니다.

4

그래프에서 선이 가장 많이 기울어진 곳을 찾습니다.

❼ 자전거를 가장 많이 판 날은 ☐일입니다.

7

그래프에서 점의 위치가 가장 높은 때의 가로 눈금을 읽습니다.

꺾은선그래프 그리기, 꺾은선그래프 해석하기

정답

생각의 방향

민주의 몸무게

연도(년)	2014	2015	2016	2017
몸무게(kg)	30	34	36	37

민주의 몸무게

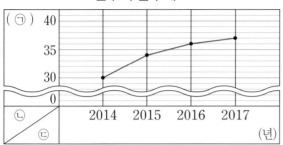

❶ ㉡에 나타내기에 알맞은 것은 (연도 , 몸무게)이고, ㉢에 나타내기에 알맞은 것은 (연도 , 몸무게)입니다.

몸무게, 연도

❷ ㉠에 알맞은 단위는 (년 , kg)입니다.

kg

꺾은선그래프의 가로에는 연도를 나타내고, 세로에는 몸무게를 나타내었습니다.

❸ 세로 눈금 한 칸은 1 kg을 나타냅니다. (○ , ×)

○

❹ 세로 눈금이 물결선 위로 (30 , 35)부터 시작합니다.

30

0과 30 사이에 자료값이 없으므로 물결선으로 줄여서 나타낼 수 있습니다.

❺ 민주의 몸무게는 점점 (줄어들고 , 늘어나고) 있습니다.

늘어나고

꺾은선그래프의 선이 오른쪽 위를 향하면 자료값이 커지는 것입니다.

❻ 전년도에 비해 몸무게가 가장 많이 늘어난 때는 ☐년입니다.

2015

선이 많이 기울어질수록 몸무게가 많이 늘어난 것입니다.

❼ 2018년의 민주의 몸무게는 2017년보다 (늘어날 , 줄어들) 것으로 예상할 수 있습니다.

늘어날

그래프의 선이 오른쪽으로 올라가면 자료값이 늘어나는 것이고 오른쪽으로 내려가면 자료값이 줄어드는 것입니다.

5

꺾은선그래프

비법 ① 막대그래프와 꺾은선그래프 비교하기

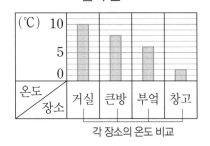

집의 온도

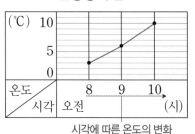

운동장의 온도

각 장소의 온도 비교

시각에 따른 온도의 변화

• 막대그래프: 자료의 양을 비교할 때 편리
• 꺾은선그래프: 자료의 변화를 알아볼 때 편리

비법 ② 세로 눈금 한 칸의 크기 구하기

세로 눈금 ■칸이 ●를 나타냄

⇩

(세로 눈금 한 칸의 크기)
= ● ÷ ■

세로 눈금 5칸이 10명을 나타냄

⇩

(세로 눈금 한 칸의 크기)
= 10 ÷ 5 = 2(명)

비법 ③ 꺾은선그래프에서 물결선의 필요성 알아보기

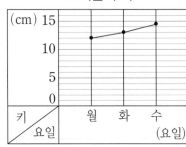

(가) 식물의 키

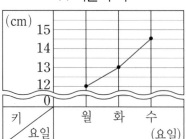

(나) 식물의 키

(가) 그래프	(나) 그래프
• 세로 눈금이 0부터 시작합니다.	• 물결선이 있고 세로 눈금이 물결선 위로 12부터 시작합니다.
• 세로 눈금 한 칸의 크기는 1 cm입니다.	• 세로 눈금 한 칸의 크기는 0.5 cm입니다.
• (나) 그래프는 (가) 그래프보다 식물의 키의 변화하는 모습이 더 잘 나타납니다.	

교·과·서 개 념

• 꺾은선그래프: 수량을 점으로 표시하고, 그 점들을 선분으로 이어 그린 그래프
• 꺾은선그래프 알아보기

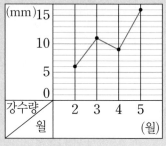

강수량

① 가로에는 월, 세로에는 강수량을 나타냈습니다.
② 세로 눈금 한 칸의 크기는 1 mm 입니다.
③ 강수량이 가장 적은 달은 2월입니다.

• 꺾은선그래프에서 변화하는 모양을 뚜렷하게 나타내는 방법
① 필요 없는 부분(자료값이 없는 부분)을 물결선(≈)으로 줄여서 나타냅니다.
② 세로 눈금 한 칸의 크기를 작게 나타냅니다.
③ 세로 눈금 칸을 넓게 그립니다.

비법 ④ 꺾은선그래프에 물결선 나타내기

예 어느 지역의 최고 기온을 조사한 표를 보고 꺾은선그래프로 나타내기

최고 기온

날짜(일)	5	10	15	20
기온(℃)	23	16	19	18

기온이 가장 낮은 때의 기온은 16 ℃입니다.

0과 15 사이에 자료값이 없으므로 0과 15 사이에 물결선을 넣습니다.

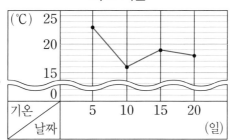

최고 기온

- **꺾은선그래프로 나타내는 방법**
  ① 가로와 세로 중 어느 쪽에 조사한 수를 나타낼 것인가를 정합니다.
  ② 물결선으로 나타낼 부분을 정하고 물결선을 그립니다.
  ③ 눈금 한 칸의 크기를 정하고, 조사한 수 중에서 가장 큰 수를 나타낼 수 있도록 눈금의 수를 정합니다.
  ④ 가로 눈금과 세로 눈금이 만나는 자리에 점을 찍습니다.
  ⑤ 점들을 선분으로 잇습니다.
  ⑥ 알맞은 제목을 붙입니다.

비법 ⑤ 꺾은선그래프의 선을 보고 그래프 해석하기

- **선의 기울기**를 보면 변화하는 정도를 알 수 있습니다.

 ⇨ 변화 없음.   ⇨ 변화가 작음.   ⇨ 변화가 큼.

- **선의 방향**을 보면 변화하는 모양을 알 수 있습니다.

 ⇨ 늘어나고 있음.   ⇨ 줄어들고 있음.

- 꺾은선그래프의 선이 많이 기울어질수록 변화가 큽니다.
- 꺾은선그래프의 선이 오른쪽 위를 향하면 자료값이 커지고, 오른쪽 아래를 향하면 자료값이 작아지는 것입니다.

비법 ⑥ 꺾은선그래프의 내용 알아보기

예 9월과 10월의 사탕 판매량의 차 구하기

사탕 판매량

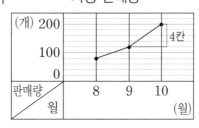

- **꺾은선그래프 살펴보기**
  ① 제목을 알아봅니다.
  ② 가로와 세로를 살펴봅니다.
  ③ 눈금의 크기를 살펴봅니다.
  ④ 선의 방향과 기울어진 정도를 살펴봅니다.

방법 1 자료값을 알아본 다음 차 구하기
(9월과 10월의 사탕 판매량의 차)=200−120=80(개)

방법 2 눈금의 칸수로 구하기
100÷5=20(개)
한 칸의 크기가 20개인 눈금 4칸 차이
⇨ (9월과 10월의 사탕 판매량의 차)=20×4=80(개)

5
꺾은선그래프

1 꺾은선그래프 알아보기

수량을 점으로 표시하고 그 점들을 선분으로 이어 그린 그래프를 꺾은선그래프라고 합니다.

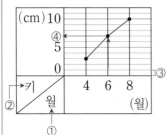

식물의 키

① 가로: 월
② 세로: 키
③ 세로 눈금 1칸: 1 cm
④ 6월의 키: 7 cm
　5에서 눈금 2칸 위

[1-1~1-4] 정수네 교실의 온도를 조사하여 나타낸 막대 그래프와 꺾은선그래프입니다. 물음에 답하시오.

막대그래프 — 교실의 온도　　교실의 온도 — 꺾은선그래프

1-1 두 그래프에서 가로와 세로는 각각 무엇을 나타냅니까?

　　　　가로 (　　　　　　　　)
　　　　세로 (　　　　　　　　)

1-2 두 그래프에서 세로 눈금 한 칸은 몇 °C를 나타냅니까?

　　　　　　(　　　　　　　　)

1-3 정수네 교실의 온도 변화를 한눈에 알아보기 쉬운 그래프는 어느 그래프입니까?

　　　　　　(　　　　　　　　)

1-4 막대그래프와 꺾은선그래프의 같은 점과 다른 점을 각각 1가지씩 쓰시오.

[같은 점] _____

_____

[다른 점] _____

_____

[1-5~1-6] 유진이네 집에서 나오는 음식물 쓰레기의 양을 두 꺾은선그래프로 나타내었습니다. 물음에 답하시오.

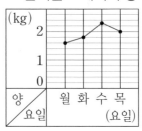　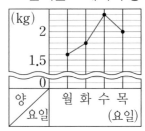

㉮ 음식물 쓰레기의 양　　㉯ 음식물 쓰레기의 양

1-5 ㉯ 그래프의 세로 눈금은 물결선 위로 몇부터 시작합니까?

　　　　　　(　　　　　　　　)

1-6 두 그래프에 대한 설명으로 <u>틀린</u> 것을 찾아 기호를 쓰시오.

> ㉠ ㉮ 그래프보다 ㉯ 그래프가 음식물 쓰레기의 양을 읽기 더 편합니다.
> ㉡ ㉮ 그래프는 ㉯ 그래프보다 세로 눈금 한 칸의 크기가 더 큽니다.
> ㉢ 변화하는 모습이 더 잘 나타나는 그래프는 ㉮ 그래프입니다.

　　　　　　(　　　　　　　　)

2 꺾은선그래프의 내용 알아보기

- 꺾은선그래프의 제목과 가로, 세로를 보고 나타내는 내용을 알 수 있습니다.
- 눈금의 크기와 선의 기울기, 선의 방향을 보고 자료 값의 크기와 변화 정도, 변화하는 모양을 알 수 있습니다.

[2-1~2-4] 준수의 팔굽혀펴기 횟수를 조사하여 나타낸 꺾은선그래프입니다. 물음에 답하시오.

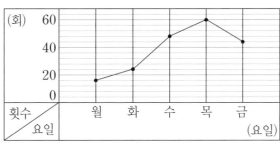

2-1 세로 눈금 한 칸은 몇 회를 나타냅니까?

( )

2-2 팔굽혀펴기를 한 횟수가 가장 많은 때는 무슨 요일입니까?

( )

2-3 준수의 팔굽혀펴기 횟수가 가장 많이 변한 때는 무슨 요일과 무슨 요일 사이입니까?

( )

2-4 준수의 팔굽혀펴기 횟수가 가장 적게 변한 때는 무슨 요일과 무슨 요일 사이입니까?

( )

[2-5~2-6] 지연이가 사는 지역의 주민들이 공공자전거를 대여한 횟수를 나타낸 꺾은선그래프입니다. 물음에 답하시오.

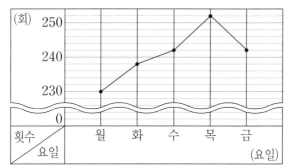

창의·융합

2-5 지연이의 말을 완성하시오.

자전거를 대여한 횟수가 같은 요일은 ☐요일과 ☐요일이야.

지연

2-6 수요일은 월요일보다 자전거를 대여한 횟수가 몇 회 더 많습니까?

( )

- 막대그래프는 수량의 많고 적음을 비교할 때 편리하고, 꺾은선그래프는 자료의 변화를 알아볼 때 편리합니다.
- 꺾은선그래프의 선이 적게 기울어질수록 변화가 작습니다.

5

꺾은선그래프

3 꺾은선그래프 그리기

• 꺾은선그래프 그리는 방법
① 가로와 세로 중 어느 쪽에 조사한 수를 나타낼 것인가를 정합니다.
② 물결선으로 나타낼 부분과 눈금 한 칸의 크기를 정합니다.
③ 가로 눈금과 세로 눈금이 만나는 자리에 점을 찍고 점들을 선분으로 잇습니다.
④ 알맞은 제목을 붙입니다.

[3-1～3-2] 윤지가 신문 기사를 보고 꺾은선그래프로 나타내려고 합니다. 물음에 답하시오.

천재 일보

생명촌락의 위기, 해결책은 없는가
생명촌락 사람들이 일자리를 구하기 쉽고 교육 여건이 좋은 도시로 이동하면서 인구가 ……

생명촌락의 인구 수

연도(년)	1970	1980	1990	2000	2010
인구 수(만 명)	28	26	18	12	8

3-1 세로 눈금 한 칸은 몇 만 명으로 나타내어야 합니까?

( )

3-2 위 표를 보고 꺾은선그래프로 나타내어 보시오.

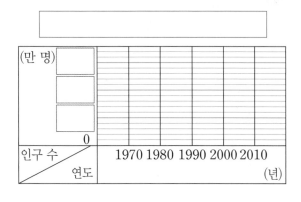

[3-3～3-6] 재경이가 일주일 간격으로 산세베리아의 키를 재어 나타낸 표를 보고 꺾은선그래프로 나타내려고 합니다. 물음에 답하시오.

산세베리아의 키

날짜(일)	1	8	15	22	29
키(cm)	21.5	22.1	22.4	22.8	23.1

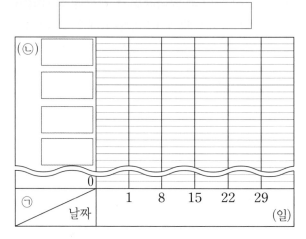

3-3 ㉠, ㉡에 알맞은 것을 쓰시오.

㉠ ( )
㉡ ( )

3-4 물결선을 넣는다면 세로 눈금 한 칸은 몇 cm로 나타내어야 합니까?

( )

3-5 물결선은 몇 cm와 몇 cm 사이에 넣으면 좋겠습니까?

( )

3-6 꺾은선그래프를 완성하시오.

4 꺾은선그래프 해석하기

- 꺾은선그래프에서 선의 기울어진 정도로 변화 정도를 알 수 있습니다.
- 꺾은선그래프에서 선의 방향으로 변화하는 모양을 알 수 있습니다.

[4-1~4-2] 윤지의 일기를 보고 물음에 답하시오.

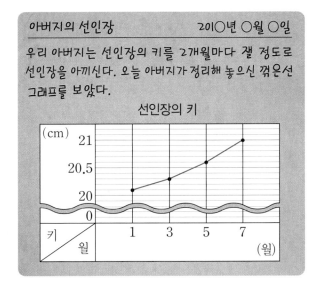

4-1 2개월 전에 비해 선인장의 키가 가장 많이 자란 때는 2개월 전보다 몇 cm 더 자랐습니까?

( )

서술형

4-2 2개월 후인 9월에 선인장의 키를 잰다면 몇 cm일지 예상하고, 그렇게 생각한 이유를 쓰시오.

( )

이유 _____

[4-3~4-4] 송이의 카페와 블로그 방문자 수를 조사하여 나타낸 꺾은선그래프입니다. 물음에 답하시오.

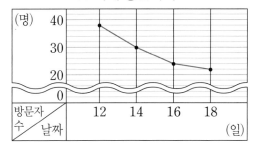

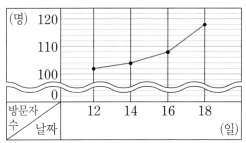

창의·융합

4-3 송이의 카페와 블로그 방문자 수가 어떻게 변하고 있는지 잘못 말한 사람은 누구입니까?

카페 방문자 수는 20명과 40명 사이에 있어.

지수

블로그 방문자 수는 빠르게 늘어나다가 시간이 지나면서 천천히 늘어나고 있어.

채민

( )

서술형

4-4 이틀 후인 20일에 송이의 카페 방문자 수는 어떻게 될 것인지 예상해 보시오.

예상 _____

 • 꺾은선그래프에서 선이 계속 오른쪽 위로 올라가면 앞으로도 계속 올라갈 것이라고 예상할 수 있습니다.

응용1 꺾은선그래프 알아보기

오른쪽은 윤재가 키우는 강낭콩의 키를 매일 오전 9시에 조사하여 나타낸 꺾은선그래프입니다. ⁽³⁾강낭콩의 키는 17일부터 20일까지 몇 cm 자랐습니까?

(   )

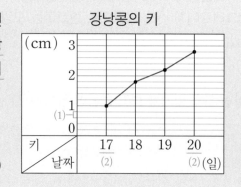

강낭콩의 키

(해결의 법칙) (1) 세로 눈금 한 칸은 몇 cm를 나타내는지 알아봅니다.

(2) 17일과 20일의 강낭콩의 키는 각각 몇 cm인지 알아봅니다.

(3) 강낭콩의 키는 17일부터 20일까지 몇 cm 자랐는지 구해 봅니다.

예제 1-1 오른쪽은 윤호네 강아지의 무게를 조사하여 나타낸 꺾은선그래프입니다. 강아지의 무게는 4월부터 7월까지 몇 kg 늘었습니까?

(   )

강아지의 무게

예제 1-2 오른쪽은 승빈이네 과수원의 배 생산량을 조사하여 나타낸 꺾은선그래프입니다. 2014년부터 2017년까지 배 생산량은 모두 몇 kg입니까?

(   )

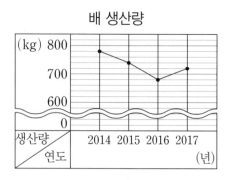

배 생산량

• 정답은 **42**쪽에

응용 2 자료의 값 예상하기

오른쪽은 희주가 10월 어느 하루 교실의 온도 변화를 조사하여 나타낸 꺾은선그래프입니다. ⁽²⁾오전 11시의 교실의 온도는 몇 ℃였을지 예상해 보시오.

(   )

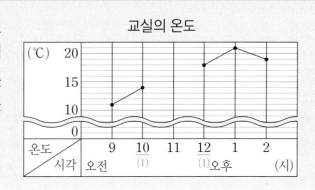

교실의 온도

(1) 오전 10시와 낮 12시의 교실의 온도를 알아봅니다.

(2) 오전 11시의 교실의 온도를 예상해 봅니다.

예제 2 - 1 어느 지역에서 태어난 신생아 수를 조사하여 나타낸 꺾은선그래프입니다. 2015년의 신생아 수는 몇 명이었을지 예상해 보시오.

신생아 수

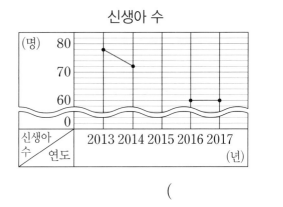

(   )

예제 2 - 2 어느 공장의 불량품 수를 조사하여 나타낸 꺾은선그래프입니다. 7월의 불량품 수는 몇 개였을지 예상해 보시오.

불량품 수

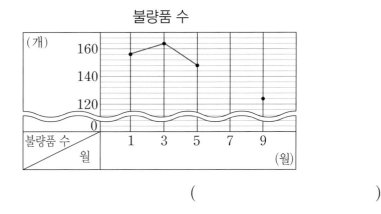

(   )

응용3 표와 꺾은선그래프 완성하기

미호네 과일 가게에서 4일 동안 판매한 사과 수를 조사하여 나타낸 표와 꺾은선그래프입니다. 표와 ⁽³⁾꺾은선그래프를 완성하시오.

사과 판매량

날짜(일)	⁽²⁾5	6	⁽²⁾7	8	합계
판매량(개)		400		480	1600

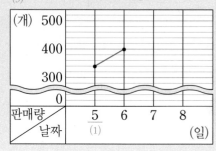
사과 판매량

 해결의 법칙!

(1) 5일의 사과 판매량을 알아봅니다.

(2) 표를 완성해 봅니다.

(3) 표를 보고 꺾은선그래프를 완성해 봅니다.

 예제 **3-1**

 꺾은선그래프를 보고 2014년에 이사 온 가구 수를 구하고…

표의 합계를 이용하여 2017년에 이사 온 가구 수를 구해 봐!

윤아네 마을의 매년 다른 지역에서 이사 온 가구 수를 조사하여 나타낸 표와 꺾은선그래프입니다. 표와 꺾은선그래프를 완성하시오.

이사 온 가구 수

연도(년)	2014	2015	2016	2017	합계
가구 수(가구)		32	34		110

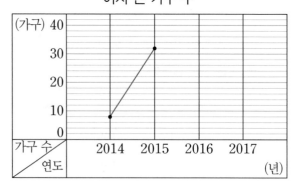
이사 온 가구 수

• 정답은 **42**쪽에

응용4 **두 꺾은선그래프를 비교하여 내용 알아보기**

동계올림픽 종목 중 스노보드 빅에어 종목에 참가한 선수의 기록을 나타낸 두 꺾은선그래 프입니다. (2)두 번의 주행 점수를 더하여 점수가 가장 높은 때는 몇 차 대회입니까?

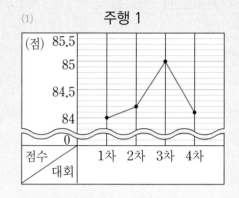

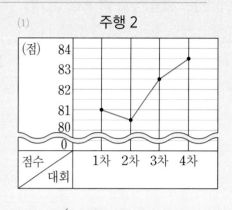

(   )

해결의 법칙 (1) 각 대회별로 주행 1과 주행 2의 점수를 더해 봅니다.

(2) 두 점수의 합이 가장 높은 대회를 알아봅니다.

예제 4 - 1 피겨 스케이팅 선수의 기록을 나타낸 두 꺾은선그래 프입니다. 기술 점수와 프로그램 구성 점수를 더하여 점수가 가장 높은 해는 언제입니까?

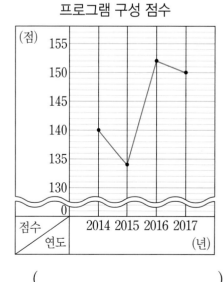

(   )

응용**5** 세로 눈금의 크기를 바꾸어 꺾은선그래프 그리기

어느 장난감 회사에서 생산한 장난감의 월별 불량품 수를 조사하여 나타낸 꺾은선그래프입니다. ⁽²⁾세로 눈금 한 칸의 크기를 10개로 하여 꺾은선그래프를 다시 그린다면 6월과 7월의 세로 눈금은 몇 칸 차이가 나는지 구하시오.

불량품 수

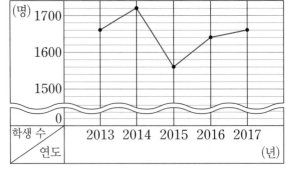

( )

해결의법칙

⑴ 6월과 7월의 불량품 수의 차는 몇 개인지 구해 봅니다.

⑵ 세로 눈금 한 칸의 크기를 10개로 하여 다시 그린다면 6월과 7월의 세로 눈금은 몇 칸 차이가 나는지 구해 봅니다.

예제 **5-1** 경식이네 학교의 연도별 학생 수를 조사하여 나타낸 꺾은선그래프입니다. 두 사람의 대화를 읽고 □ 안에 알맞은 수를 구하시오.

경식이네 학교의 학생 수

이 그래프의 세로 눈금 한 칸의 크기를 5명으로 하여 다시 그린다면 어떻게 될까?

학생 수가 가장 많은 때와 학생 수가 가장 적은 때의 세로 눈금은 □ 칸 차이가 나겠네.

( )

· 정답은 **42**쪽에

응용6 두 자료를 한 번에 나타낸 꺾은선그래프 알아보기

지연이와 예성이의 키를 매월 1일에 조사하여 나타낸 꺾은선그래프입니다.(2) 예성이의 키가 지연이의 키보다 처음으로 커졌을 때 예성이는 전달보다 키가 몇 cm 더 컸습니까?

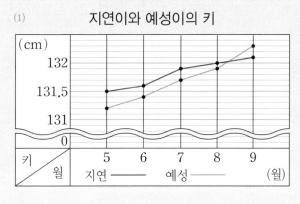

(1) 지연이와 예성이의 키

(   )

 해결의법칙

(1) 예성이의 키가 지연이의 키보다 커진 때는 몇 월인지 알아봅니다.

(2) 예성이는 전달보다 키가 몇 cm 더 컸는지 구해 봅니다.

예제 6-1 은수와 주하의 몸무게를 매월 1일에 조사하여 나타낸 꺾은선그래프입니다. 주하의 몸무게가 은수의 몸무게보다 처음으로 더 무거워진 때 주하는 전달보다 몸무게가 몇 kg 더 늘었습니까?

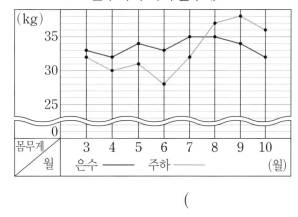

은수와 주하의 몸무게

(   )

예제 6-2

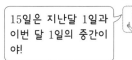
15일의 몸무게를 어떻게 알지?

15일은 지난달 1일과 이번 달 1일의 중간이야!

위 **6-1**의 꺾은선그래프에서 6월 15일의 두 사람의 몸무게의 차는 약 몇 kg이었을지 예상해 보시오.

(   )

[01~02] 감기에 걸린 시윤, 은서, 지우의 체온을 재어 나타낸 꺾은선그래프입니다. 물음에 답하시오.

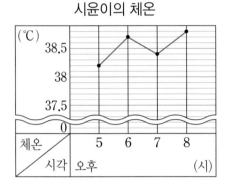

시윤이의 체온

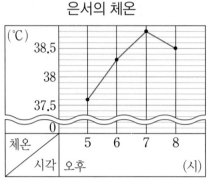

은서의 체온

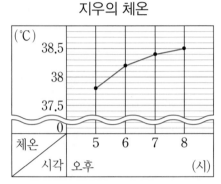

지우의 체온

꺾은선그래프 비교하기

창의·융합

01 다음에서 말하고 있는 사람의 이름을 쓰시오.

유사

체온이 급격히 오르다가 약을 먹었더니 오후 7시 이후에 떨어지기 시작했어.

(   )

서술형 꺾은선그래프 비교하기

02 체온을 재는 동안 체온이 처음에는 빠르게 오르다가 시간이 지나면서 천천히 오르는 사람은 누구인지 쓰고, 그 이유를 쓰시오.

유사

(   )

이유

꺾은선그래프 내용 알아보기

03 어느 도시의 연도별 초등학생 수를 조사하여 나타낸 꺾은선그래프입니다. 초등학생 수의 변화가 가장 큰 때의 초등학생 수의 차는 몇 명인지 구하시오.

유사

초등학생 수

(   )

[04~05] 오른쪽은 매년 1월 1일에 영진, 세윤, 기찬이의 키를 조사하여 나타낸 꺾은선그래프입니다. 물음에 답하시오.

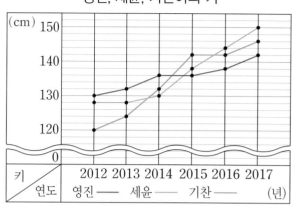

영진, 세윤, 기찬이의 키

꺾은선그래프의 내용 알아보기

04 세 사람 중 영진이의 키가 처음으로 가장 작아진 때는
유사 언제입니까?

( )

꺾은선그래프의 내용 알아보기

05 2016년과 2017년 사이에 키가 가장 많이 자란 사람은
유사 누구이고, 몇 cm 자랐습니까?
동영상

( ), ( )

서술형 꺾은선그래프의 내용 알아보기

06 민서네 문구점의 볼펜 판매량을 조사하여 나타낸 꺾은
유사 선그래프입니다. 민서네 문구점에서 5일 동안 판 볼펜
은 모두 몇 자루인지 풀이 과정을 쓰고 답을 구하시오.

풀이

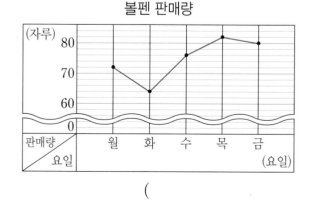

볼펜 판매량

( )

5

꺾은선그래프

꺾은선그래프의 내용 알아보기 　　　　　　　　　창의·융합

07 터널을 이용한 자동차 수를 조사한 표와 꺾은선그래프
유사 의 일부분이 찢어졌습니다. 4월에 터널을 이용한 자동
동영상 차는 몇 대입니까?

터널을 이용한 자동차 수

월	1	2	3	4	합계
자동차 수(대)	1600		2100		8000

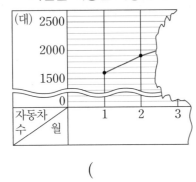

터널을 이용한 자동차 수

(　　　　　　　　　　　　　　)

꺾은선그래프로 나타내기의 활용

08 해진이의 수학 점수를 조사하여 나타낸 꺾은선그래프입
유사 니다. 3월부터 7월까지 수학 점수의 합이 430점일 때
동영상 꺾은선그래프를 완성하시오.

수학 점수

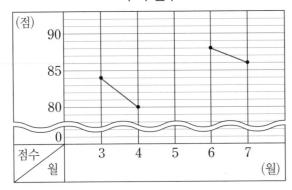

유사 표시된 문제의 유사 문제가 제공됩니다.
동영상 표시된 문제의 동영상 특강을 볼 수 있어요.
QR 코드를 찍어 보세요.

꺾은선그래프 해석하기

09 어느 마을의 감자와 고구마 생산량을 조사하여 나타낸 꺾은선그래프입니다. 같은 규칙으로 생산량이 늘어난다고 할 때 감자 생산량과 고구마 생산량이 같아지는 때는 언제인지 예상해 보시오.

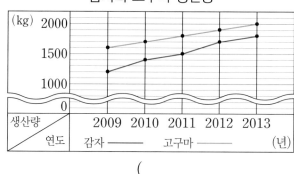

감자와 고구마 생산량

(   )

[10~11] 오른쪽은 ㉮ 지역과 ㉯ 지역의 관광객 수를 매년 12월에 조사하여 나타낸 꺾은선그래프입니다. 물음에 답하시오.

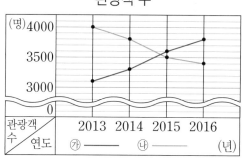

관광객 수

꺾은선그래프의 내용 알아보기 · 창의·융합

10 위 꺾은선그래프를 보고 기사의 □ 안에 알맞은 수를 써넣으시오.

천재 일보 [   ] 년 1월 20일

관광객 수가 ㉮ 지역은 점차 늘어나고 있지만 ㉯ 지역은 계속 줄어들고 있습니다. 작년에 처음으로 ㉮ 지역의 관광객 수가 ㉯ 지역의 관광객 수보다 더 많았습니다.

서술형 꺾은선그래프의 활용

11 관광객 100명당 지역에 1억 원의 수익금이 생긴다고 합니다. 2016년에 ㉮ 지역과 ㉯ 지역의 수익금의 차는 얼마인지 풀이 과정을 쓰고 답을 구하시오.

(   )

풀이

창의사고력

12 병원별 하루 동안 진료한 환자 수를 조사하여 나타낸 그래프입니다. 여러 병원의 진료한 환자 수를 나타내기에 가장 알맞은 그래프를 쓰고, 그렇게 생각한 이유를 쓰시오.

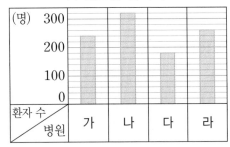

(가) 진료한 환자 수

병원	환자 수
가	
나	
다	
라	

50명
10명

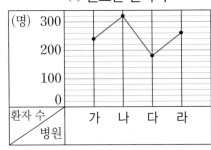

(나) 진료한 환자 수

(다) 진료한 환자 수

가장 알맞은 그래프 ( )

이유

창의사고력

13 오른쪽은 우리나라의 쌀 생산량과 1인당 쌀 소비량을 조사하여 나타낸 그래프입니다. 쌀 생산량과 1인당 쌀 소비량이 어떻게 변했고 쌀 생산량과 소비량의 관계가 앞으로 어떻게 변할지 설명해 보시오.

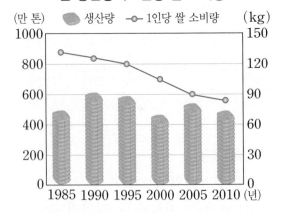

쌀 생산량과 1인당 쌀 소비량

설명

5. 꺾은선그래프

• 정답은 46쪽에

[01~04] 어느 도시의 강수량을 나타낸 막대그래프와 꺾은선그래프입니다. 물음에 답하시오.

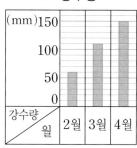
(가) 강수량

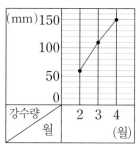
(나) 강수량

01 (가), (나) 그래프 중 강수량의 변화를 한눈에 알아보기 쉬운 그래프는 어느 것입니까?

( )

02 두 그래프에서 세로 눈금 한 칸은 몇 mm를 나타냅니까?

( )

03 두 그래프에 대한 설명으로 틀린 것을 찾아 기호를 쓰시오.

┌─────────────────────────────┐
│ ㉠ (가) 그래프는 강수량이 가장 많은 달을 │
│   알아보기 쉽습니다. │
│ ㉡ 두 그래프의 가로에는 강수량을, 세로 │
│   에는 월을 나타냈습니다. │
│ ㉢ (나) 그래프는 월별 강수량의 변화를 한눈 │
│   에 알아보기 쉽습니다. │
└─────────────────────────────┘

( )

04 강수량이 가장 많았던 달은 몇 월입니까?

( )

[05~07] 경수네 집에서 버리는 일반 쓰레기의 양을 조사한 것입니다. 물음에 답하시오.

┌──────────────────────────────┐
│ **일반 쓰레기의 양 줄이기** │
│ 무심코 버리던 일반 쓰레기 중 재활용할 수 있는 │
│ 것들이 많았다. 동생과 함께 분리수거를 열심히 │
│ 했더니 일반 쓰레기의 양이 점차 줄어들었다. │
│ 일반 쓰레기의 양 │
└──────────────────────────────┘

월	3	4	5	6	7
양(L)	270	267	262	259	255

05 위 표를 보고 꺾은선그래프로 나타내려고 합니다. 꺾은선그래프의 가로와 세로에 각각 무엇을 나타내면 좋겠습니까?

가로 ( )

세로 ( )

06 위 표를 보고 꺾은선그래프를 완성하시오.

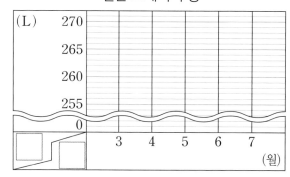
일반 쓰레기의 양

서술형

07 1개월 후인 8월에 경수네 집에서 버리는 일반 쓰레기의 양은 몇 L일지 예상하고, 그렇게 생각한 이유를 쓰시오.

( )

이유 _____

_____

꺾은선그래프

[08~11] 영준이의 키를 매월 조사하여 나타낸 표를 보고 꺾은선그래프로 나타내려고 합니다. 물음에 답하시오.

영준이의 키

월(월)	2	3	4	5	6
키(cm)	133	133.5	134.1	134.3	134.6

08 물결선을 몇 cm와 몇 cm 사이에 넣으면 좋겠습니까?

( )

09 위 표를 보고 꺾은선그래프로 나타내어 보시오.

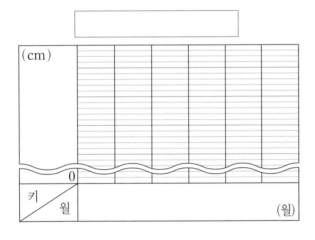

10 영준이의 키의 변화가 가장 큰 때는 몇 월과 몇 월 사이입니까?

( )

11 영준이는 2월부터 6월까지 키가 몇 cm 자랐습니까?

( )

12 자동차 생산량이 변화하는 모양이 뚜렷하게 나타나도록 그래프를 다시 그리려고 합니다. 어떻게 그리면 좋을지 설명해 보시오.

자동차 생산량

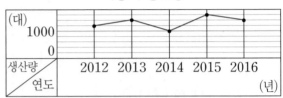

설명 _____

_____

[13~14] 지후의 일기를 읽고 물음에 답하시오.

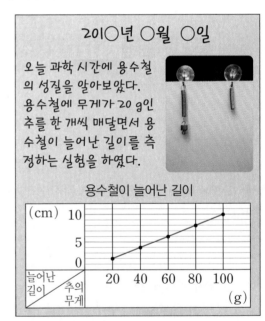

2이○년 ○월 ○일

오늘 과학 시간에 용수철의 성질을 알아보았다. 용수철에 무게가 20 g인 추를 한 개씩 매달면서 용수철이 늘어난 길이를 측정하는 실험을 하였다.

용수철이 늘어난 길이

13 용수철이 늘어난 길이는 어떻게 변하고 있습니까?

( )

14 추의 무게가 120 g일 때, 용수철이 늘어난 길이는 몇 cm가 될 것이라고 예상합니까?

( )

· 정답은 **46**쪽에

[15~17] 경호네 마을과 다혜네 마을의 인구 수를 조사하여 나타낸 꺾은선그래프입니다. 물음에 답하시오.

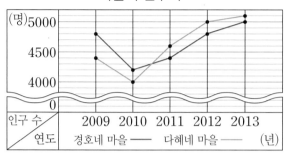

마을의 인구 수

창의·융합

15 그래프를 보고 잘못 말한 사람의 이름을 쓰시오.

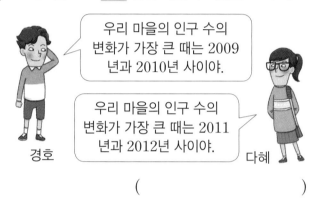

우리 마을의 인구 수의 변화가 가장 큰 때는 2009년과 2010년 사이야.

경호

우리 마을의 인구 수의 변화가 가장 큰 때는 2011년과 2012년 사이야.

다혜

( )

16 경호네 마을의 인구 수를 나타내는 꺾은선그래프를 세로 눈금 한 칸의 크기를 50명으로 하여 다시 그린다면 2009년과 2010년의 세로 눈금은 몇 칸 차이가 납니까?

( )

서술형

17 경호네 마을과 다혜네 마을의 인구 수의 차가 가장 큰 해의 인구 수의 차는 몇 명인지 풀이 과정을 쓰고 답을 구하시오.

풀이 _____

_____

_____

답 _____

[18~19] 어느 회사에서 사용한 일회용 종이컵 수를 조사하여 나타낸 꺾은선그래프입니다. 물음에 답하시오.

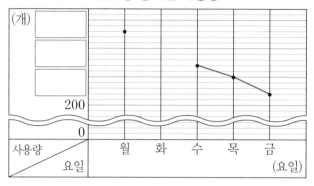

일회용 종이컵 사용량

18 목요일에 사용한 종이컵은 수요일에 사용한 종이컵보다 40개 적습니다. 위 꺾은선그래프의 ☐ 안에 알맞은 수를 써넣으시오.

19 화요일에 사용한 종이컵은 몇 개였을지 예상해 보시오.

( )

20 어느 문구점의 지우개 판매량을 조사하여 나타낸 꺾은선그래프입니다. 지우개 한 개가 300원일 때, 5일 동안 지우개를 판매한 금액은 모두 얼마입니까?

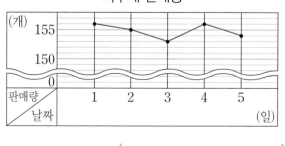

지우개 판매량

( )

5

꺾은선그래프

재미있는 종이접기

종이를 접어서 학, 배, 비행기와 같은 모양을 만드는 일을 종이접기라고 해요.
여러분은 종이로 무엇을 접을 수 있나요?

수박, 튤립, 동백꽃을 접어서 다음과 같이 꾸며보았어요.

수박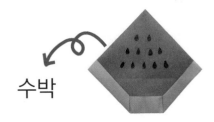

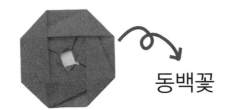 동백꽃

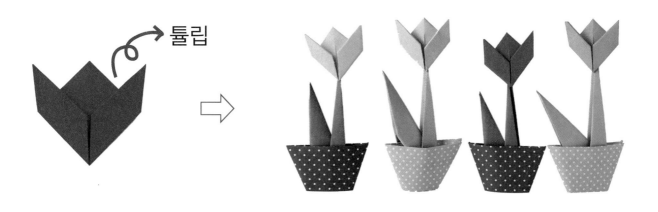

튤립

종이로 접은 수박, 동백꽃, 튤립은 모두 다각형 모양이에요.

다각형(多 많을 ⓓ, 角 뿔 ⓐ, 形 모양 ⓗ)

▲ 오각형　　　　　▲ 팔각형　　　　　▲ 팔각형

어떤 도형을 다각형이라고 하는지 혹시 눈치 챘나요?
선분으로만 둘러싸인 도형을 다각형이라고 한답니다.
이번 단원에서는 다각형에 대해 배웁니다.
또 다각형 모양 조각을 사용해서 여러 가지 모양 조각을 만들어 볼 거예요.

다각형 알아보기

		정답	생각의 방향

❶ 선분으로만 둘러싸인 도형을 다각형이라고 합니다. (○ , ×)

정답: ○

❷ 오른쪽 도형은 다각형입니다.
(○ , ×)

정답: ×

생각의 방향: 다각형은 선분으로만 둘러싸인 도형입니다.

❸ 오른쪽 도형은 변이 6개인 다각형이므로 (오각형 , 육각형)입니다.

정답: 육각형

생각의 방향: 다각형은 변의 수에 따라 변이 6개이면 육각형, 변이 7개이면 칠각형, 변이 8개이면 팔각형이라고 부릅니다.

❹ 구각형은 변이 ☐개, 꼭짓점이 ☐개입니다.

정답: 9, 9

생각의 방향:
■각형 ⇨ ┌ 변의 수: ■개
　　　　 └ 꼭짓점의 수: ■개

정다각형 알아보기

❶ 변의 길이가 모두 같고, 각의 크기가 모두 같은 다각형을 정다각형이라고 합니다. (○ , ×)

정답: ○

❷ 오른쪽 도형은 정다각형입니다.
(○ , ×)

정답: ×

생각의 방향: 정다각형은 변의 길이가 모두 같고, 각의 크기가 모두 같습니다.

❸ 오른쪽 정다각형은
(정오각형 , 정육각형)입니다.

정답: 정오각형

생각의 방향: 정다각형의 이름은 변의 수에 따라 정해집니다.

❹ 변이 10개인 정다각형을 ☐ 이라고 합니다.

정답: 정십각형

생각의 방향: 변이 ■개인 정다각형: 정■각형

❺ 정육각형 8 cm ☐ cm

정답: 8

생각의 방향: 정다각형은 변의 길이가 모두 같습니다.

	정답	생각의 방향

대각선 알아보기

① 다각형에서 서로 이웃하지 않는 두 꼭짓점을 이은 선분을 대각선이라고 합니다. (○ , ×)

정답: ○

생각의 방향: 대각선은 서로 이웃하지 않는 두 꼭짓점을 이은 선분입니다.

② 오른쪽 사각형 ㄱㄴㄷㄹ에서 대각선은 (선분 ㄱㄷ , 선분 ㄴㄷ)입니다.

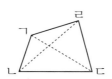

정답: 선분 ㄱㄷ

③ 삼각형에는 대각선을 그을 수 없습니다. (○ , ×)

정답: ○

생각의 방향: 삼각형은 꼭짓점 3개가 모두 이웃하고 있으므로 대각선을 그을 수 없습니다.

④ 정사각형은 두 대각선의 길이가 (같습니다 , 다릅니다).

정답: 같습니다

모양 만들기

① 모양 조각으로 모양을 만들 수 있습니다. (○ , ×)

정답: ○

생각의 방향: 모양 조각 2개로 , 모양을 만들 수 있습니다.

② 모양을 만들려면 모양 조각은 (2개 , 3개) 필요합니다.

정답: 2개

모양 채우기

① 모양 조각만으로 모양을 채울 수 있습니다. (○ , ×)

정답: ×

생각의 방향: 주어진 모양을 모양으로 나누어 봅니다.

② 모양을 채우려면 모양 조각이 ☐ 개 필요합니다.

정답: 3

6

다각형

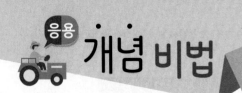

비법 ① 주어진 도형이 다각형이 아닌 이유 알아보기

도형		
다각형이 아닌 이유	선분으로 둘러싸이지 않고 열려 있습니다.	곡선이 있는 도형입니다.

교·과·서 개념

┌ 두 점을 곧게 이은 선
• **다각형**: 선분으로만 둘러싸인 도형

변의 수(개)	다각형의 이름
5	오각형
6	육각형
7	칠각형
8	팔각형
⋮	⋮

비법 ② 정다각형의 한 변의 길이 구하기

(정■각형의 한 변의 길이)=(정■각형의 모든 변의 길이의 합)÷■

⑩ 정육각형의 모든 변의 길이의 합이 42 cm일 때 한 변의 길이 구하기

정육각형의 변의 수: 6개

⇨ (정육각형의 한 변의 길이)
　　=42÷6=7 (cm)

• **정다각형**: 변의 길이가 모두 같고, 각의 크기가 모두 같은 다각형

• **정■각형의 변의 수**: ■개

• **정다각형의 성질**
　(1) 변의 길이가 모두 같습니다.
　(2) 각의 크기가 모두 같습니다.

비법 ③ 정다각형의 한 각의 크기 구하기

① 정다각형을 삼각형 또는 사각형으로 나누기

 : 정오각형 ⇨ ┌ 삼각형 1개
　　　　　　　　　　　　　　　└ 사각형 1개

② 정다각형의 모든 각의 크기의 합 구하기

(정오각형의 모든 각의 크기의 합)
=180°+360°=540°
　　│　　└ 사각형의 네 각의 크기의 합
　　└ 삼각형의 세 각의 크기의 합

③ 정다각형의 한 각의 크기 구하기

(정오각형의 한 각의 크기)
=540°÷5=108°
　　└ 정오각형은 모든 각의 크기가 같고 각이 5개이므로 5로 나눕니다.

• 정오각형을 삼각형 3개로 나눌 수도 있습니다.

⇨ (정오각형의 모든 각의 크기의 합)
　　=180°×3=540°

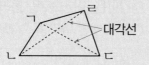

비법 ④ 사각형의 대각선의 성질 알아보기

	평행사변형	마름모	직사각형	정사각형
두 대각선의 길이가 같음	×	×	○	○
두 대각선이 서로 수직	×	○	×	○
한 대각선이 다른 대각선을 반으로 나눔	○	○	○	○

비법 ⑤ 다각형의 대각선 수 구하기

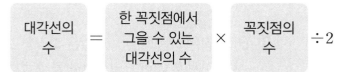

⇨ (■각형의 대각선의 수)=(■−3)×■÷2
  └ 중복되는 것을 제외
  └ 자기 자신과 이웃하는 두 꼭짓점 제외

예 (육각형의 대각선의 수)=(6−3)×6÷2=9(개)
  3
  18
  9

비법 ⑥ 주어진 모양 조각으로 모양 채우기

• 모양 조각이 서로 겹치거나 빈틈이 생기지 않게 채워야 합니다.

예 , 모양 조각을 사용하여 모양 채우기

모양을 잘못 채웠습니다.

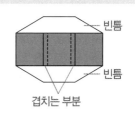
― 빈틈
― 빈틈
겹치는 부분

모양을 바르게 채웠습니다.

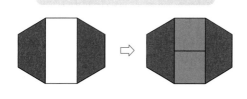

• 대각선: 다각형에서 선분 ㄱㄷ, 선분 ㄴㄹ과 같이 서로 이웃하지 않는 두 꼭짓점을 이은 선분

대각선

• 두 대각선의 길이가 같고 서로 수직으로 만나는 사각형은 정사각형입니다.

• 삼각형은 3개의 꼭짓점이 모두 이웃하고 있으므로 대각선을 그을 수 없습니다.

• 꼭짓점의 수가 많을수록 그을 수 있는 대각선의 수는 많습니다.

• **모양 조각 알아보기**

정삼각형　정사각형　평행사변형

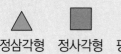
마름모　사다리꼴　정육각형

6
다
각
형

1 다각형 알아보기

• 다각형은 선분으로만 둘러싸인 도형입니다.
• 변이 ■개인 다각형 ➡ ■각형

1-1 다각형이 <u>아닌</u> 것을 모두 고르시오.
.... ( )

① ② ③

④ ⑤

1-2 구각형을 찾아 ○표 하시오.

( ) ( ) ( )

1-3 도형판에 만든 다각형의 이름을 쓰시오.

( )

1-4 점 종이에 다각형을 그려 보시오.

칠각형 팔각형

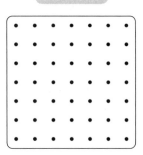

창의·융합

1-5 벌집은 다음과 같이 똑같은 다각형 모양으로 이루어져 있습니다. 벌집에서 볼 수 있는 다각형의 이름을 쓰시오.

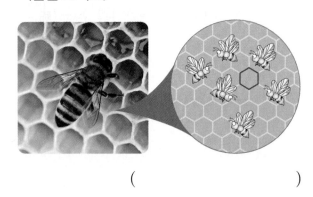

( )

서술형

1-6 다음 도형이 다각형이 <u>아닌</u> 이유를 써 보시오.

이유 _____

_____

• 정답은 **48**쪽에

2 정다각형 알아보기

• 정다각형은 변의 길이가 모두 같고, 각의 크기가 모두 같은 다각형입니다.

2-1 정다각형입니다. □ 안에 알맞은 수를 써넣으시오.

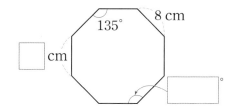

2-2 축구공은 2개의 정다각형 모양의 가죽을 이어 붙여 만듭니다. 축구공에서 찾을 수 있는 정다각형의 이름을 모두 쓰시오.

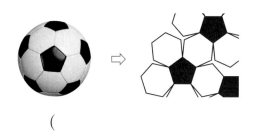

( )

2-3 다음이 설명하는 도형의 이름을 쓰시오.

• 9개의 선분으로만 둘러싸인 도형입니다.
• 변의 길이가 모두 같고, 각의 크기가 모두 같습니다.

( )

2-4 다음 정다각형의 이름을 쓰고 모든 변의 길이의 합을 구하시오.

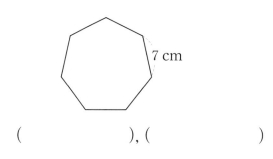

( ), ( )

2-5 정육각형입니다. ㉠의 각도를 구하시오.

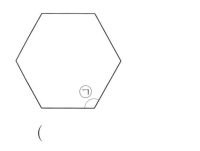

( )

2-6 정오각형의 한 변을 늘렸습니다. ㉠의 각도를 구하시오.

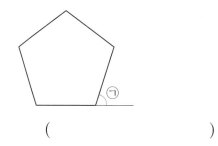

( )

 • 정다각형을 삼각형 또는 사각형으로 나누어 정다각형의 한 각의 크기를 구할 수 있습니다.

예 (정팔각형의 여덟 각의 크기의 합) ⇨ (정팔각형의 한 각의 크기)
$= 360° \times 3 = 1080°$ $= 1080° \div 8 = 135°$
└─사각형의 네 각의 크기의 합

3 대각선 알아보기

- 대각선: 다각형에서 서로 이웃하지 않는 두 꼭짓점
  을 이은 선분
- 두 대각선의 길이가 같은 사각형
  ⇨ 직사각형, 정사각형
- 두 대각선이 서로 수직으로 만나는 사각형
  ⇨ 마름모, 정사각형

3-1 육각형 ㄱㄴㄷㄹㅁㅂ에서 대각선을 모두 찾아
쓰시오.

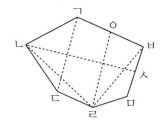

⇨ 선분 [ ], 선분 [ ], 선분 [ ]

3-2 다각형에 대각선을 모두 그어 보시오.

 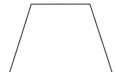

3-3 두 대각선이 서로 수직으로 만나는 사각형을 모
두 찾아 ○표 하시오.

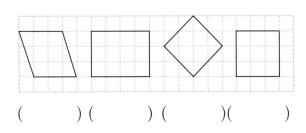

(   ) (   ) (   )(   )

3-4 대각선의 수가 많은 순서대로 기호를 쓰시오.

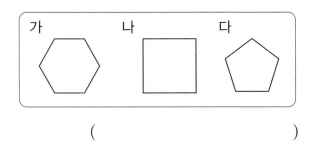

가   나   다

(   )

3-5 정후의 질문에 대한 민서의 대답을 알맞게 쓰시오.

삼각형에는 대각선을 왜
그을 수 없을까?

정후

민서

3-6 다음이 설명하는 도형에 그을 수 있는 대각선은
모두 몇 개입니까?

- 선분으로만 둘러싸인 도형입니다.
- 변이 7개입니다.

(   )

• 정답은 **48**쪽에

4 / 모양 만들기

• 모양을 만들 때 같은 모양 조각을 여러 번 사용할 수 있습니다.

[4-1~5-3] 모양 조각을 보고 물음에 답하시오.

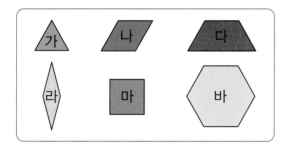

4-1 가와 나 모양 조각을 사용하여 사다리꼴을 만들어 보시오.

서술형
4-2 2가지 모양 조각을 모두 사용하여 빈 곳에 오각형을 만들고, 만든 오각형의 특징을 한 가지 쓰시오.

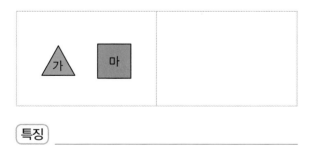

특징 _____

5 / 모양 채우기

• 모양 조각을 사용하여 모양을 채울 때에는 서로 겹치거나 빈틈이 생기지 않게 채워야 합니다.

5-1 가 모양 조각으로만 다음 모양을 채우려면 가 모양 조각은 몇 개 필요합니까?

 ⇨ ☐개

5-2 모양 조각으로 오각형 2개를 채워 보시오. (단, 같은 모양 조각을 여러 번 사용할 수 있습니다.)

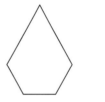

창의·융합
5-3 연수가 그림일기에 그린 그림을 모양 조각으로 채워 보시오. (단, 같은 모양 조각을 여러 번 사용할 수 있습니다.)

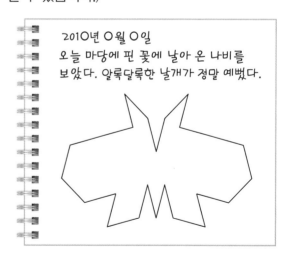

해결의 창 • 두 대각선이 서로 수직으로 만나는 사각형

마름모   정사각형   특수한 경우

• 같은 모양이라도 여러 가지 방법으로 채울 수 있습니다.

6

다
각
형

응용 **1** **정다각형의 변의 길이의 활용**

한 변의 길이가 9 cm인 ⁽¹⁾정육각형과 ⁽²⁾정십각형이 한 개씩 있습니다. ⁽³⁾두 정다각형의 둘레의 차는 몇 cm입니까?

( )

(1) 정육각형의 둘레는 몇 cm인지 구해 봅니다.

(2) 정십각형의 둘레는 몇 cm인지 구해 봅니다.

(3) 두 정다각형의 둘레의 차를 구해 봅니다.

예제 **1 - 1** 대화를 보고 누가 그린 도형의 둘레가 몇 cm 더 긴지 각각 구하시오.

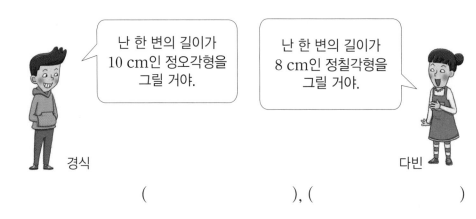

( ), ( )

예제 **1 - 2** 길이가 2 m인 끈으로 한 변의 길이가 6 cm인 정팔각형을 겹치는 부분 없이 만들려고 합니다. 정팔각형을 몇 개까지 만들 수 있고, 남는 끈은 몇 cm 입니까?

( ), ( )

응용2 모양 채우기

모양 조각을 사용하여 [2]서로 다른 방법으로 주어진 모양을 채워 보시오. (단, 같은 모양 조각을 여러 번 사용할 수 있습니다.)

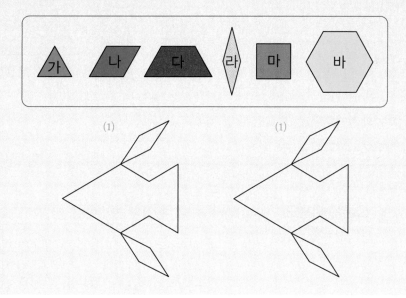

(1) 라 모양 조각으로 채울 부분을 먼저 찾아봅니다.

(2) 길이가 같은 변끼리 이어 붙여서 모양을 채워 봅니다.

예제 2-1 위 모양 조각을 사용하여 서로 다른 방법으로 주어진 모양을 채워 보시오.
(단, 같은 모양 조각을 여러 번 사용할 수 있습니다.)

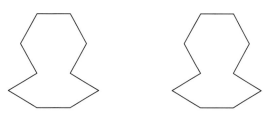

예제 2-2 위 모양 조각을 사용하여 주어진 모양을 모두 채워 보시오. (단, 같은 모양 조각을 여러 번 사용할 수 있습니다.)

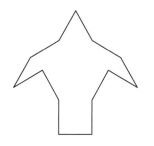
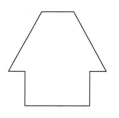

6

다
각
형

응용3 사각형의 두 대각선의 길이의 차

오른쪽 평행사변형 ㄱㄴㄷㄹ의 (3)두 대각선의 길이의 차는 몇 cm입니까?

( )

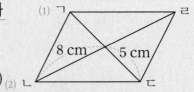

(1) 선분 ㄱㄷ의 길이를 구해 봅니다.

(2) 선분 ㄴㄹ의 길이를 구해 봅니다.

(3) 두 대각선의 길이의 차를 구해 봅니다.

예제 **3**-1 오른쪽 마름모 ㄱㄴㄷㄹ의 두 대각선의 길이의 차는 몇 cm입니까?

( )

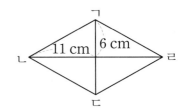

예제 **3**-2 오른쪽 직사각형 ㄱㄴㄷㄹ에서 선분 ㄱㅁ의 길이가 7 cm일 때 두 대각선의 길이의 합은 몇 cm입니까?

( )

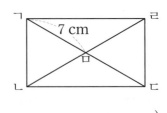

응용 4 정다각형으로 만든 도형에서 □ 안에 알맞은 수 구하기

정다각형 4개를 겹치지 않게 변끼리 이어 붙여서 만든 도형입니다. ⁽²⁾도형의 둘레가 60 cm일 때 ⁽³⁾□ 안에 알맞은 수를 구하시오.

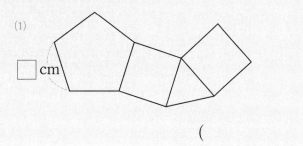

 (1) 도형은 정다각형의 변 몇 개로 둘러싸여 있는지 알아봅니다.

(2) 정다각형의 한 변의 길이를 구해 봅니다.

(3) □ 안에 알맞은 수를 구해 봅니다.

예제 4-1 정다각형 4개를 겹치지 않게 변끼리 이어 붙여서 만든 도형입니다. 도형의 둘레가 132 cm일 때 □ 안에 알맞은 수를 구하시오.

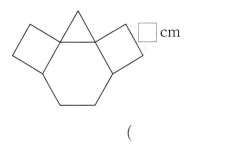

(   )

예제 4-2

정다각형은 변의 길이가 모두 같지?

응, 그러니까 도형을 둘러싼 한 변의 길이를 구해 봐!

오른쪽은 정오각형과 정사각형을 겹치지 않게 변끼리 이어 붙여서 만든 도형입니다. 도형의 둘레가 176 cm일 때 정사각형의 둘레는 몇 cm입니까?

(   )

응용5 사각형의 대각선의 성질 활용

⁽³⁾오른쪽 마름모 ㄱㄴㄷㄹ의 네 변의 길이의 합은 몇 cm입니까?

(1), (2)

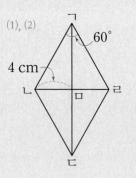

(   )

 (1) 삼각형 ㄱㄴㄹ이 어떤 삼각형인지 알아봅니다.

(2) 선분 ㄴㄹ의 길이를 구해 봅니다.

(3) 마름모 ㄱㄴㄷㄹ의 네 변의 길이의 합을 구해 봅니다.

예제 **5**-1   오른쪽 마름모 ㄱㄴㄷㄹ의 네 변의 길이의 합은 몇 cm입니까?

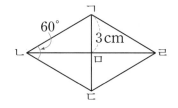

(   )

예제 **5**-2   오른쪽 정사각형 ㄱㄴㄷㄹ에 대각선을 모두 그었습니다. 삼각형 ㄱㅁㄹ의 이름이 될 수 있는 것을 모두 찾아 기호를 쓰시오.

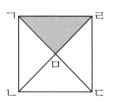

> ㉠ 정삼각형   ㉡ 이등변삼각형
> ㉢ 직각삼각형   ㉣ 예각삼각형

(   )

응용 6 　정다각형의 각의 크기의 활용

오른쪽 정육각형에서 ⁽⁴⁾㉠과 ㉡의 각도의 차를 구하시오.

(　　　　　　　)

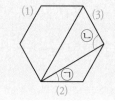

해결의 법칙

(1) 정육각형의 한 각의 크기를 구해 봅니다.

(2) ㉠의 각도를 구해 봅니다.

(3) ㉡의 각도를 구해 봅니다.

(4) ㉠과 ㉡의 각도의 차를 구해 봅니다.

예제 6 - 1

먼저 정오각형의 한 각의 크기를 구해 봐!

㉠을 한 각으로 하는 삼각형은 두 변의 길이가 같으므로 이등변삼각형이야!

오른쪽 정오각형에서 ㉠과 ㉡의 각도의 차를 구하시오.

(　　　　　　)

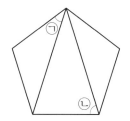

예제 6 - 2

어린이 통학차량에는 교통 표지판과 같은 정팔각형 모양의 정지 표지판이 설치되어 있습니다. 오른쪽 정지 표지판에서 ㉠의 각도를 구하시오.

교통 표지판

정지 표지판

(　　　　　　　)

6

다각형

다각형 알아보기

01 규칙에 따라 다각형을 그렸습니다. 빈칸에 알맞은 다각
[유사] 형의 이름을 쓰시오.

(   )

서술형   대각선의 성질 알아보기

02 잘못 말한 사람의 이름을 쓰고 바르게 고쳐 보시오.
[유사]

> 평행사변형, 마름모,
> 직사각형, 정사각형은
> 한 대각선이 다른 대각선을
> 반으로 나눠.

규진

> 마름모와 정사각형은
> 두 대각선이 서로 수직으로
> 만나고 두 대각선의
> 길이가 같아.

세현

(   )

고친문장

대각선의 수 알아보기   창의·융합

03 야구에서 주자가 득점을 하려면 1루, 2루, 3루, 홈에 있
[유사] 는 베이스에 반드시 닿고 지나가야 합니다. 베이스의 모
양은 다음과 같이 다각형 모양입니다. 홈 베이스와 1루
베이스에 그을 수 있는 대각선 수의 합은 몇 개입니까?

1루 베이스
홈 베이스

(   )

유사 표시된 문제의 유사 문제가 제공됩니다.
동영상 표시된 문제의 동영상 특강을 볼 수 있어요.
QR 코드를 찍어 보세요.

[04~05] 모양 조각을 보고 물음에 답하시오.

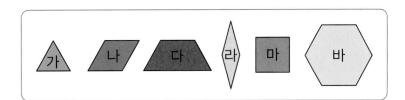

모양 채우기　　　　　　　　　　　　　　창의·융합

04 이스라엘 국기에서 찾은 별 모양을 한 가지 모양 조각으
유사 로만 빈틈없이 채우려고 합니다. 가와 나 모양 조각 중
에서 어느 조각을 몇 개 더 많이 사용해야 합니까?

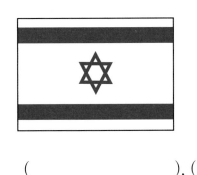 

(　　　　　　　　), (　　　　　　　　)

모양 채우기

05 바 모양 조각 8개를 사용하여 채울 수 있는 어떤 모양이
유사 있습니다. 이 모양을 채우려면 가 모양 조각은 몇 개 필
동영상 요합니까?

(　　　　　　　　　　　)

대각선의 성질 활용

06 직사각형 ㄱㄴㄷㄹ의 네 변의 길이의 합이 68 cm일 때
유사 삼각형 ㄱㄴㄷ의 세 변의 길이의 합은 몇 cm입니까?
동영상

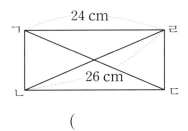

(　　　　　　　　　　　)

6

다
각
형

정다각형의 각의 크기 활용

07 정삼각형과 정육각형의 한 변을 늘였습니다. ㉠과 ㉡의
[유사] 각도의 차를 구하시오.

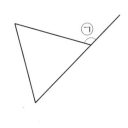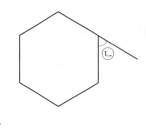

(   )

[서술형] 정다각형의 변의 길이 활용

08 길이가 324 cm인 철사를 똑같이 3도막으로 자른 후 그
[유사] 중 한 도막을 남김없이 사용하여 정십이각형 한 개를 만
들려고 합니다. 정십이각형의 한 변의 길이는 몇 cm로
해야 하는지 풀이 과정을 쓰고 답을 구하시오.

(   )

풀이

정다각형의 성질 활용

09 정오각형에서 ㉠과 ㉡의 각도의 차를 구하시오.
[유사]
[동영상]

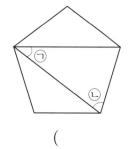

(   )

서술형 대각선의 성질 활용

10 똑같은 마름모 2개와 직사각형을 겹쳐서 만든 도형입니다. 마름모에서 선분 ㅁㅂ의 길이가 선분 ㄱㄴ의 길이의 2배일 때 직사각형 ㄱㄴㄷㄹ의 네 변의 길이의 합은 몇 cm인지 풀이 과정을 쓰고 답을 구하시오.

유사
동영상

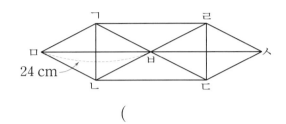

24 cm

(   )

풀이

_____

_____

_____

_____

_____

_____

정다각형의 각의 크기 활용   창의·융합

11 축구공은 12개의 정오각형과 20개의 정육각형으로 이루어져 있습니다. 오른쪽은 축구공에 ◯로 표시한 부분을 펼쳐 놓은 모양입니다. ㉠의 각도를 구하시오.

유사
동영상

㉠

(   )

_____

_____

_____

_____

_____

_____

6

다 각 형

정다각형의 각의 크기 활용

12 정팔각형 모양의 종이를 그림과 같이 접었더니 접힌 부분이 사다리꼴이 되었습니다. ㉠의 각도를 구하시오.

유사
동영상

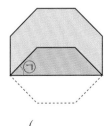

㉠

(   )

_____

_____

_____

_____

_____

• 정답은 **53**쪽에

창의사고력

13 모양 조각을 사용하여 모양을 만들고 만든 모양에 이름을 붙여 보시오. (단, 같은 모양 조각을 여러 번 사용해도 됩니다.)

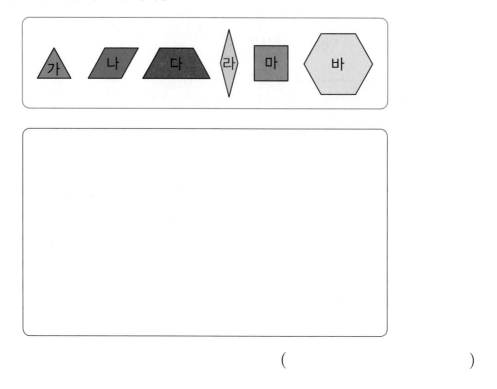

( )

창의사고력

14 다음 정다각형 중 겹치지 않게 놓아 평면을 빈틈없이 채울 수 있는 것을 모두 찾아 기호를 쓰고 그 이유를 쓰시오.

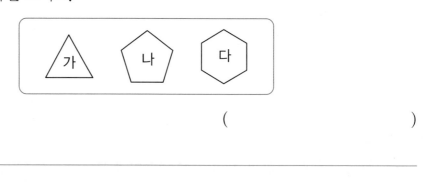

( )

이유 _____

_____

01 다각형인 것을 모두 고르시오.······· (   )

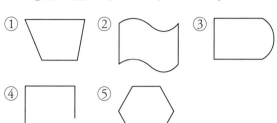

04 하늘이가 눈 결정 사진을 보고 그린 정다각형입니다. 도형의 이름을 쓰시오.

(   )

[02~03] 다각형을 사용하여 꾸민 모양을 보고 물음에 답하시오.

가   나

02 모양을 채우고 있는 다각형의 이름을 쓰시오.

가 (   )

나 (   )

[05~06] 사각형을 보고 물음에 답하시오.

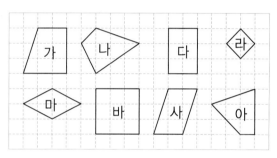

05 두 대각선이 서로 수직으로 만나는 사각형을 모두 찾아 기호를 쓰시오.

(   )

03 모양 채우기 방법을 바르게 설명한 것을 모두 찾아 기호를 쓰시오.

> ㉠ 빈틈없이 이어 붙였습니다.
> ㉡ 길이가 서로 다른 변끼리 이어 붙였습니다.
> ㉢ 서로 겹치지 않게 이어 붙였습니다.

(   )

06 두 대각선의 길이가 같은 사각형을 모두 찾아 기호를 쓰시오.

(   )

07 오른쪽 도형이 정다각형이 아닌 이유를 쓰시오.

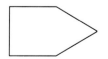

이유 _____

_____

6

다
각
형

08 도형판에 만든 다각형의 이름을 쓰시오.

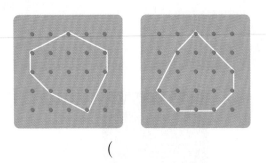

( )

09 2가지 모양 조각을 사용하여 평행사변형을 만들어 보시오.

10 세 사람이 설명하는 도형의 이름을 쓰시오.

> • 경식: 선분으로만 둘러싸여 있습니다.
> • 성우: 변과 각이 각각 8개입니다.
> • 다빈: 변의 길이가 모두 같고, 각의 크기가 모두 같습니다.

( )

11 다각형에 대각선을 모두 긋고, 대각선의 수를 쓰시오.

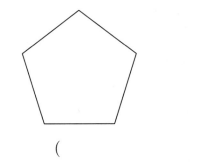

( )

서술형

12 표시된 꼭짓점에서 그을 수 있는 대각선을 모두 그어 보고, 알게 된 점을 쓰시오.

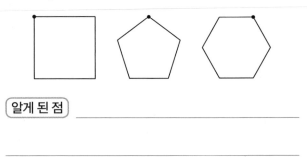

알게 된 점 _____

_____

[13~14] 모양 조각을 보고 물음에 답하시오.

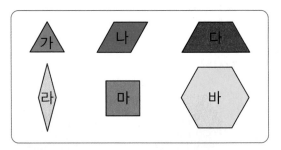

13 가, 나, 다 모양 조각 중 2가지를 골라 정삼각형을 만들려고 합니다. 서로 다른 방법으로 정삼각형을 만들어 보시오. (단, 같은 모양 조각을 여러 번 사용할 수 있습니다.)

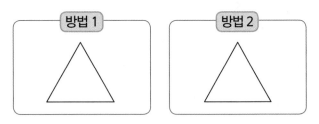

14 모양 조각을 모두 사용하여 채워 보시오. (단, 같은 모양 조각을 여러 번 사용할 수 있습니다.)

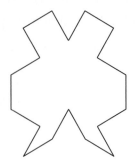

15 바르게 설명한 것을 모두 고르시오. (   )

① 마름모는 한 대각선이 다른 대각선을 반으로 나눕니다.

② 평행사변형은 항상 두 대각선의 길이가 같습니다.

③ 정사각형은 두 대각선의 길이가 다릅니다.

④ 직사각형은 두 대각선의 길이가 같습니다.

⑤ 평행사변형은 항상 두 대각선이 서로 수직으로 만납니다.

서술형

16 정다각형 가와 나는 둘레가 같습니다. 정다각형 나의 한 변의 길이는 몇 cm인지 풀이 과정을 쓰고 답을 구하시오.

14 cm

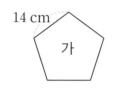 가

 나

풀이 _____

_____

_____

답 _____

17 정팔각형의 한 변을 늘였습니다. ㉠의 각도를 구하시오.

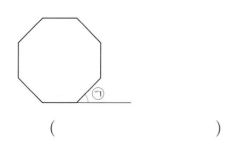

(   )

18 마름모 ㄱㄴㄷㄹ의 네 변의 길이의 합은 몇 cm입니까?

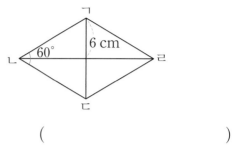

(   )

창의·융합

19 정다각형 모양 조각으로 꽃 모양을 만든 것입니다. 정사각형 모양 조각의 네 변의 길이의 합이 36 cm일 때 만든 꽃 모양의 둘레는 몇 cm입니까?

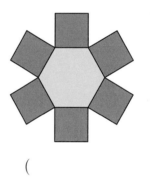

(   )

20 정육각형에 대각선을 모두 그었을 때 두 대각선이 서로 수직으로 만나는 것은 모두 몇 쌍입니까?

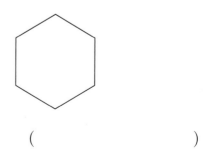

(   )

6

다각형

올림픽에서 사용되는 소수

올림픽은 국제올림픽위원회(IOC)가 4년마다 개최하는 국제 스포츠 대회입니다.

올림픽의 여러 종목의 기록을 나타내는데 소수가 활용됩니다.

2016년 러시아 리우에서 열린 하계올림픽의 종목별 금메달 기록을 함께 살펴볼까요?

수영 남자 평영 100 m

영국 57.13초

여자 육상 100 m

자메이카 10.71초

카약 여자 4인조 500 m

헝가리 1분 31.482초

수학의 해법이 풀리다!

해결의 법칙
시리즈

단계별 맞춤 학습

개념, 유형, 응용의 단계별 교재로
교과서 차시에 맞춘 쉬운 개념부터
응용·심화까지 수학 완전 정복

혼자서도 OK!

이미지로 구성된 핵심 개념과 셀프 체크,
모바일 코칭 시스템과 동영상 강의로
자기주도 학습 및 홈 스쿨링에 최적화

300여 명의 검증

수학의 메카 천재교육 집필진과
300여 명의 교사·학부모의
검증을 거쳐 탄생한 친절한 교재

흔들리지 않는 탄탄한 수학의 완성! (초등 1~6학년 / 학기별)

뭘 좋아할지 몰라 다 준비했어♥
전과목 교재

전과목 시리즈 교재

● 무등생 해법시리즈
- 국어/수학　　　　　　　　　　　1~6학년, 학기용
- 사회/과학　　　　　　　　　　　3~6학년, 학기용
- 봄·여름/가을·겨울　　　　　　　1~2학년, 학기용
- SET(전과목/국수, 국사과)　　　1~6학년, 학기용

● 똑똑한 하루 시리즈
- 똑똑한 하루 독해　　　　　　　　예비초~6학년, 총 14권
- 똑똑한 하루 글쓰기　　　　　　　예비초~6학년, 총 14권
- 똑똑한 하루 어휘　　　　　　　　예비초~6학년, 총 14권
- 똑똑한 하루 한자　　　　　　　　예비초~6학년, 총 14권
- 똑똑한 하루 수학　　　　　　　　1~6학년, 학기용
- 똑똑한 하루 계산　　　　　　　　예비초~6학년, 총 14권
- 똑똑한 하루 도형　　　　　　　　예비초~6학년, 총 8권
- 똑똑한 하루 사고력　　　　　　　1~6학년, 학기용
- 똑똑한 하루 사회/과학　　　　　3~6학년, 학기용
- 똑똑한 하루 봄/여름/가을/겨울　1~2학년, 총 8권
- 똑똑한 하루 안전　　　　　　　　1~2학년, 총 2권
- 똑똑한 하루 Voca　　　　　　　3~6학년, 학기용
- 똑똑한 하루 Reading　　　　　초3~초6, 학기용
- 똑똑한 하루 Grammar　　　　　초3~초6, 학기용
- 똑똑한 하루 Phonics　　　　　예비초~초등, 총 8권

● 독해가 힘이다 시리즈
- 초등 문해력 독해가 힘이다 비문학편　　3~6학년
- 초등 수학도 독해가 힘이다　　　　　　1~6학년, 학기용
- 초등 문해력 독해가 힘이다 문장제수학편　1~6학년, 총 12권

영어 교재

● 초등영어 교과서 시리즈
　파닉스(1~4단계)　　　　　　　3~6학년, 학년용
　영단어(1~4단계)　　　　　　　3~6학년, 학년용
● LOOK BOOK 영단어　　　　3~6학년, 단행본
● 원서 읽는 LOOK BOOK 영단어　3~6학년, 단행본

국가수준 시험 대비 교재

● 해법 기초학력 진단평가 문제집　2~6학년·중1 신입생, 총 6권

응용 해결의 법칙

꼼꼼
풀이집

수학
4·2

천재교육

응용 **해결**의 **법칙**

꼼꼼 풀이집

4·2

3~4학년군 수학 ❹

꼼꼼 풀이집

STEP 1 기본 유형 익히기 14 ~ 17쪽

1-1 2, 3, 5, 2, 3, 5

1-2 (1) $\dfrac{6}{7}$ (2) $1\dfrac{4}{9}$

1-3 $\dfrac{5}{11}$, $\dfrac{7}{11}$, $1\dfrac{1}{11}$

1-4 은빈

1-5 $1\dfrac{7}{15}$ kg

1-6 4개

2-1 (1) $\dfrac{3}{10}$ (2) $\dfrac{5}{8}$

2-2

2-3 $\dfrac{5}{6}-\dfrac{4}{6}=\dfrac{1}{6}$; $\dfrac{1}{6}$ 시간

2-4 $\dfrac{5}{7}$

2-5 $\dfrac{3}{13}$

3-1 (1) $3\dfrac{5}{6}$ (2) $5\dfrac{1}{8}$

3-2 $8\dfrac{2}{9}$

3-3 $5\dfrac{3}{5}$, $8\dfrac{1}{5}$

3-4 방법 1 예 $3\dfrac{5}{7}+5\dfrac{4}{7}=(3+5)+\left(\dfrac{5}{7}+\dfrac{4}{7}\right)$
$=8+\dfrac{9}{7}=8+1\dfrac{2}{7}=9\dfrac{2}{7}$

방법 2 예 $3\dfrac{5}{7}+5\dfrac{4}{7}=\dfrac{26}{7}+\dfrac{39}{7}=\dfrac{65}{7}=9\dfrac{2}{7}$

3-5 $7\dfrac{14}{17}$ kg

3-6 예 합이 가장 큰 덧셈식을 만들려면 가장 큰 대분수와 두 번째로 큰 대분수를 더해야 합니다. $3\dfrac{8}{9}>3\dfrac{5}{9}>2\dfrac{7}{9}>2\dfrac{1}{9}>1\dfrac{4}{9}$
$\Rightarrow 3\dfrac{8}{9}+3\dfrac{5}{9}=7\dfrac{4}{9}$; $7\dfrac{4}{9}$

4-1 $4\dfrac{4}{6}$

4-2 $9\dfrac{3}{10}$ ℃

4-3

$3\dfrac{6}{7}-1\dfrac{4}{7}$	$2\dfrac{5}{7}-1\dfrac{2}{7}$
$6\dfrac{5}{7}-5\dfrac{1}{7}$	$4\dfrac{4}{7}-3\dfrac{2}{7}$

5-1 (1) $2\dfrac{3}{5}$ (2) $6\dfrac{5}{7}$

5-2 $4\dfrac{1}{8}$, $6\dfrac{5}{9}$

5-3 >

5-4 $8\dfrac{1}{2}$ km

5-5 $1\dfrac{3}{8}$ kg

5-6 예 $5\dfrac{1}{3}$ 에서 1을 분수로 바꾸면 $4\dfrac{4}{3}$ 이므로
$5\dfrac{1}{3}-1\dfrac{2}{3}=4\dfrac{4}{3}-1\dfrac{2}{3}=3\dfrac{2}{3}$ 입니다.

1-1 2+3=5이므로 $\dfrac{2}{8}+\dfrac{3}{8}$ 은 $\dfrac{1}{8}$ 이 5개입니다.
$\Rightarrow \dfrac{2}{8}+\dfrac{3}{8}=\dfrac{2+3}{8}=\dfrac{5}{8}$

1-2 생각 열기 분모가 같은 분수의 덧셈은 분모는 그대로 두고 분자끼리 더합니다.
(1) $\dfrac{4}{7}+\dfrac{2}{7}=\dfrac{4+2}{7}=\dfrac{6}{7}$
(2) $\dfrac{8}{9}+\dfrac{5}{9}=\dfrac{8+5}{9}=\dfrac{13}{9}=1\dfrac{4}{9}$

1-3 • $\dfrac{2}{11}+\dfrac{3}{11}=\dfrac{2+3}{11}=\dfrac{5}{11}$
• $\dfrac{2}{11}+\dfrac{5}{11}=\dfrac{2+5}{11}=\dfrac{7}{11}$
• $\dfrac{2}{11}+\dfrac{10}{11}=\dfrac{2+10}{11}=\dfrac{12}{11}=1\dfrac{1}{11}$

1-4 종훈: $\dfrac{3}{6}+\dfrac{2}{6}=\dfrac{3+2}{6}=\dfrac{5}{6}$

1-5 (두 껍데기의 무게의 합)
$=\dfrac{8}{15}+\dfrac{14}{15}=\dfrac{8+14}{15}$
$=\dfrac{22}{15}=1\dfrac{7}{15}$ (kg)

1-6 해법 순서
① 계산 결과로 나올 수 있는 진분수를 구합니다.
② □ 안에 들어갈 수 있는 수를 구합니다.
③ □ 안에 들어갈 수 있는 수는 모두 몇 개인지 구합니다.
계산 결과로 나올 수 있는 가장 큰 진분수는 $\dfrac{10}{11}$ 입니다.
$\Rightarrow$ □ 안에 들어갈 수 있는 수는 1, 2, 3, 4로 모두 **4개**입니다.

참고
진분수는 분자가 분모보다 작아야 하므로 분모가 11인 진분수 중에서 가장 큰 진분수는 $\dfrac{10}{11}$ 입니다.

2-1 생각 열기 $1=\dfrac{\blacksquare}{\blacksquare}$ 임을 이용하여 가분수로 나타낸 다음 계산합니다.
(1) $\dfrac{8}{10}-\dfrac{5}{10}=\dfrac{8-5}{10}=\dfrac{3}{10}$
(2) $1-\dfrac{3}{8}=\dfrac{8}{8}-\dfrac{3}{8}=\dfrac{8-3}{8}=\dfrac{5}{8}$

2-2
$$\cdot \frac{5}{9} - \frac{1}{9} = \frac{5-1}{9} = \frac{4}{9}$$

$$\cdot \frac{8}{9} - \frac{3}{9} = \frac{8-3}{9} = \frac{5}{9}$$

$$\cdot 1 - \frac{7}{9} = \frac{9}{9} - \frac{7}{9} = \frac{9-7}{9} = \frac{2}{9}$$

2-3 [서술형 가이드] 문제에 알맞은 뺄셈식을 쓰고 답을 구해야 합니다.

채점 기준	
상	식 $\frac{5}{6} - \frac{4}{6} = \frac{1}{6}$을 쓰고 답을 바르게 구함.
중	식 $\frac{5}{6} - \frac{4}{6}$만 씀.
하	식과 답을 모두 쓰지 못함.

2-4 [생각 열기] 1을 분모가 7인 분수로 나타낸 다음 가장 큰 분수와 가장 작은 분수를 찾아 차를 구합니다.

$1 = \frac{7}{7}$, $\frac{2}{7} < \frac{4}{7} < \frac{6}{7} < 1$이므로

$1 - \frac{2}{7} = \frac{7}{7} - \frac{2}{7} = \frac{5}{7}$입니다.

2-5 [생각 열기] $\frac{1}{13}$이 □개인 수 ⇨ $\frac{□}{13}$

㉠ $\frac{1}{13}$이 9개인 수: $\frac{9}{13}$

㉡ $\frac{1}{13}$이 12개인 수: $\frac{12}{13}$

⇨ $\frac{12}{13} - \frac{9}{13} = \frac{12-9}{13} = \frac{3}{13}$

3-1
(1) $2\frac{1}{6} + 1\frac{4}{6} = (2+1) + (\frac{1}{6} + \frac{4}{6})$
$$= 3 + \frac{5}{6} = 3\frac{5}{6}$$

(2) $3\frac{2}{8} + 1\frac{7}{8} = (3+1) + (\frac{2}{8} + \frac{7}{8})$
$$= 4 + \frac{9}{8} = 4 + 1\frac{1}{8} = 5\frac{1}{8}$$

3-2 $5\frac{4}{9} + 2\frac{7}{9} = (5+2) + (\frac{4}{9} + \frac{7}{9})$
$$= 7 + \frac{11}{9} = 7 + 1\frac{2}{9} = 8\frac{2}{9}$$

다른 풀이
대분수를 가분수로 고쳐서 계산하기
⇨ $5\frac{4}{9} + 2\frac{7}{9} = \frac{49}{9} + \frac{25}{9} = \frac{74}{9} = 8\frac{2}{9}$

3-3
$$\cdot 3\frac{2}{5} + 2\frac{1}{5} = (3+2) + (\frac{2}{5} + \frac{1}{5})$$
$$= 5 + \frac{3}{5} = 5\frac{3}{5}$$

$$\cdot 3\frac{2}{5} + 4\frac{4}{5} = (3+4) + (\frac{2}{5} + \frac{4}{5})$$
$$= 7 + \frac{6}{5} = 7 + 1\frac{1}{5} = 8\frac{1}{5}$$

3-4 [방법 1] 자연수는 자연수끼리, 분수는 분수끼리 계산하기

[방법 2] 대분수를 가분수로 고쳐서 계산하기

3-5 [생각 열기] 모두 몇 kg인지 구하는 것이므로 덧셈식을 만들어 계산합니다.

(감자와 고구마의 무게의 합)
$$= 3\frac{5}{17} + 4\frac{9}{17} = (3+4) + (\frac{5}{17} + \frac{9}{17})$$
$$= 7 + \frac{14}{17} = 7\frac{14}{17} \text{ (kg)}$$

3-6 [서술형 가이드] 합이 가장 큰 덧셈식을 만들기 위한 두 대분수를 찾고 덧셈식을 만들어 답을 구하는 과정이 풀이 내용에 들어 있어야 합니다.

채점 기준	
상	합이 가장 큰 덧셈식을 만들기 위한 두 대분수를 찾고 덧셈식을 만들어 답을 바르게 구함.
중	합이 가장 큰 덧셈식을 만들기 위한 두 대분수를 찾고 덧셈식을 만들었으나 계산이 틀림.
하	합이 가장 큰 덧셈식을 만들기 위한 두 대분수를 찾지 못하여 바른 덧셈식을 만들지 못함.

4-1 $7\frac{5}{6} - 3\frac{1}{6} = (7-3) + (\frac{5}{6} - \frac{1}{6})$
$$= 4 + \frac{4}{6} = 4\frac{4}{6}$$

다른 풀이
대분수를 가분수로 고쳐서 계산하기
⇨ $7\frac{5}{6} - 3\frac{1}{6} = \frac{47}{6} - \frac{19}{6} = \frac{28}{6} = 4\frac{4}{6}$

4-2 (최고 기온과 최저 기온의 차)
$$= 34\frac{7}{10} - 25\frac{4}{10} = (34-25) + (\frac{7}{10} - \frac{4}{10})$$
$$= 9 + \frac{3}{10} = 9\frac{3}{10} \text{ (℃)}$$

꼼꼼 풀이집

4-3 · $3\dfrac{6}{7}-1\dfrac{4}{7}=2\dfrac{2}{7}$ · $2\dfrac{5}{7}-1\dfrac{2}{7}=1\dfrac{3}{7}$

· $6\dfrac{5}{7}-5\dfrac{1}{7}=1\dfrac{4}{7}$ · $4\dfrac{4}{7}-3\dfrac{2}{7}=1\dfrac{2}{7}$

5-1 생각 열기 (자연수)−(대분수)는 자연수에서 1만큼을 가분수로 바꾸어 준 다음 계산합니다.

(1) $4-1\dfrac{2}{5}=3\dfrac{5}{5}-1\dfrac{2}{5}=(3-1)+\left(\dfrac{5}{5}-\dfrac{2}{5}\right)$

$\qquad\qquad =2+\dfrac{3}{5}=\boldsymbol{2\dfrac{3}{5}}$

(2) $9\dfrac{3}{7}-2\dfrac{5}{7}=8\dfrac{10}{7}-2\dfrac{5}{7}=(8-2)+\left(\dfrac{10}{7}-\dfrac{5}{7}\right)$

$\qquad\qquad =6+\dfrac{5}{7}=\boldsymbol{6\dfrac{5}{7}}$

5-2 · $9-4\dfrac{7}{8}=8\dfrac{8}{8}-4\dfrac{7}{8}=(8-4)+\left(\dfrac{8}{8}-\dfrac{7}{8}\right)$

$\qquad\qquad =4+\dfrac{1}{8}=\boldsymbol{4\dfrac{1}{8}}$

· $10-3\dfrac{4}{9}=9\dfrac{9}{9}-3\dfrac{4}{9}=(9-3)+\left(\dfrac{9}{9}-\dfrac{4}{9}\right)$

$\qquad\qquad =6+\dfrac{5}{9}=\boldsymbol{6\dfrac{5}{9}}$

5-3 · $8\dfrac{5}{11}-3\dfrac{7}{11}=7\dfrac{16}{11}-3\dfrac{7}{11}=4\dfrac{9}{11}$

· $7\dfrac{2}{11}-2\dfrac{6}{11}=6\dfrac{13}{11}-2\dfrac{6}{11}=4\dfrac{7}{11}$

$\Rightarrow 4\dfrac{9}{11}>4\dfrac{7}{11}$

5-4 (달리기를 하는 거리와 수영을 하는 거리의 차)

$=10-1\dfrac{1}{2}=9\dfrac{2}{2}-1\dfrac{1}{2}=\boldsymbol{8\dfrac{1}{2}}$ (km)

5-5 생각 열기 딸기를 팔고 남은 양을 구하는 것이므로 뺄셈식을 만들어 계산합니다.

(남은 딸기의 양)$=5\dfrac{1}{8}-3\dfrac{6}{8}$

$\qquad\qquad\qquad =4\dfrac{9}{8}-3\dfrac{6}{8}=\boldsymbol{1\dfrac{3}{8}}$ (kg)

5-6 서술형 가이드 계산이 틀린 부분을 찾고 틀린 이유에 대한 설명이 들어 있어야 합니다.

채점 기준	
상	계산이 틀린 부분을 찾고 틀린 이유에 대해 바르게 설명함.
중	계산이 틀린 부분을 찾았으나 틀린 이유에 대한 설명이 미흡함.
하	계산이 틀린 부분을 찾지 못하여 이유를 쓰지 못함.

응용 **1** $6\dfrac{4}{12}$ cm

예제 **1-1** $9\dfrac{6}{7}$ cm

예제 **1-2** $2\dfrac{5}{8}$ cm

응용 **2** $4\dfrac{5}{14}$

예제 **2-1** $10\dfrac{2}{7}$

예제 **2-2** $3\dfrac{2}{9}$

응용 **3** 1, 2, 3

예제 **3-1** 4, 5, 6

예제 **3-2** 8개

응용 **4** $\dfrac{6}{8}$, $\dfrac{1}{8}$

예제 **4-1** $\dfrac{7}{11}$, $\dfrac{4}{11}$

예제 **4-2** $4\dfrac{10}{13}$

예제 **4-3** $\dfrac{9}{9}+\dfrac{14}{9}=2\dfrac{5}{9}$, $\dfrac{10}{9}+\dfrac{13}{9}=2\dfrac{5}{9}$,

$\qquad\quad \dfrac{11}{9}+\dfrac{12}{9}=2\dfrac{5}{9}$

응용 **5** $2\dfrac{2}{5}$

예제 **5-1** $1\dfrac{5}{9}$

예제 **5-2** $11\dfrac{7}{8}$

예제 **5-3** $3\dfrac{1}{4}$

응용 **6** $5\dfrac{1}{7}$ cm

예제 **6-1** $7\dfrac{8}{9}$ cm

예제 **6-2** $\dfrac{5}{11}$

응용 **7** $1\dfrac{2}{9}$

예제 **7-1** $14\dfrac{4}{9}$

예제 **7-2** $49\dfrac{3}{8}$

응용 **8** 2일

예제 **8-1** 3일

예제 **8-2** 3일

응용 1 (1) 정사각형은 네 변의 길이가 모두 같으므로 변의 길이는 각각 $1\frac{7}{12}$ cm입니다.

(2) (정사각형의 네 변의 길이의 합)

$$=1\frac{7}{12}+1\frac{7}{12}+1\frac{7}{12}+1\frac{7}{12}$$
$$=4+\frac{28}{12}=4+2\frac{4}{12}$$
$$=\mathbf{6\frac{4}{12}}\ \textbf{(cm)}$$

예제 1-1 교재 12쪽 **비법 ③**의 방법으로 한꺼번에 계산합니다.

(삼각형의 세 변의 길이의 합)

$$=3\frac{2}{7}+3\frac{2}{7}+3\frac{2}{7}$$
$$=(3+3+3)+\left(\frac{2}{7}+\frac{2}{7}+\frac{2}{7}\right)$$
$$=9+\frac{6}{7}=\mathbf{9\frac{6}{7}}\ \textbf{(cm)}$$

다른 풀이

앞에서부터 두 수씩 더합니다.

(삼각형의 세 변의 길이의 합)

$$=3\frac{2}{7}+3\frac{2}{7}+3\frac{2}{7}$$
$$=6\frac{4}{7}+3\frac{2}{7}=9\frac{6}{7}\ \text{(cm)}$$

예제 1-2 **생각 열기** 직사각형의 마주 보는 변의 길이는 같음을 이용하여 문제를 해결합니다.

직사각형의 가로를 □ cm라 하면

(직사각형의 네 변의 길이의 합)

$$=\square+\frac{7}{8}+\square+\frac{7}{8}=7\ \text{(cm)},$$
$$\square+\square+\frac{14}{8}=7,$$
$$\square+\square=7-\frac{14}{8}=\frac{56}{8}-\frac{14}{8}=\frac{42}{8},$$
$$\square+\square=\frac{42}{8},\ \frac{42}{8}=\frac{21}{8}+\frac{21}{8}\text{이므로}$$
$$\square=\frac{21}{8}=2\frac{5}{8}\text{입니다.}$$

➡ 직사각형의 가로는 $2\dfrac{5}{8}$ **cm**입니다.

응용 2 (1) $4\frac{6}{14}+2\frac{3}{14}=(4+2)+\left(\frac{6}{14}+\frac{3}{14}\right)=6\frac{9}{14}$

(2) $\square+2\frac{4}{14}=6\frac{9}{14}$,

$$\square=6\frac{9}{14}-2\frac{4}{14}$$
$$=(6-2)+\left(\frac{9}{14}-\frac{4}{14}\right)=\mathbf{4\frac{5}{14}}$$

예제 2-1 **생각 열기** 먼저 지워진 대분수를 구해 봅니다.

지워진 대분수를 □라 하면

$$\square-3\frac{5}{7}=2\frac{6}{7},$$
$$\square=2\frac{6}{7}+3\frac{5}{7}=5\frac{11}{7}=6\frac{4}{7}\text{입니다.}$$

➡ $6\frac{4}{7}+3\frac{5}{7}=9\frac{9}{7}=\mathbf{10\frac{2}{7}}$

예제 2-2 **해법 순서**

① ㉠에 알맞은 수를 구합니다.

② ㉡에 알맞은 수를 구합니다.

• ㉠ $=4\frac{2}{9}-2\frac{7}{9}=3\frac{11}{9}-2\frac{7}{9}=1\frac{4}{9}$

• ㉡$-$㉠$=1\frac{7}{9}$, ㉡$-1\frac{4}{9}=1\frac{7}{9}$,

㉡$=1\frac{7}{9}+1\frac{4}{9}=2\frac{11}{9}=\mathbf{3\frac{2}{9}}$입니다.

응용 3 (1) $1\frac{3}{4}=1+\frac{3}{4}=\frac{4}{4}+\frac{3}{4}=\frac{7}{4}$

(2) $\dfrac{3+\square}{4}<\dfrac{7}{4}$이므로 $3+\square<7$입니다.

$3+\square=7$일 때 $\square=4$이므로

$3+\square<7$에서 □는 4보다 작은 수입니다.

➡ $\square=\mathbf{1,\ 2,\ 3}$

예제 3-1 **생각 열기** 1을 분모가 7인 분수로 나타낸 다음 분자끼리 비교해 봅니다.

$1=\dfrac{7}{7}$, $\dfrac{7}{7}<\dfrac{4+\square}{7}$이므로 $7<4+\square$입니다.

$7=4+\square$일 때 $\square=3$이므로

$7<4+\square$에서 □는 3보다 큰 수인 4, 5, 6, 7, 8, 9……입니다.

➡ $\dfrac{\square}{7}$가 진분수이므로 □ 안에 들어갈 수 있는 수는 7보다 작은 **4, 5, 6**입니다.

참고

$\dfrac{▲}{■}$가 진분수일 때 ▲$<$■입니다.

예제 3-2 **해법 순서**

① $\dfrac{5}{9}+\dfrac{\square}{9}=1$일 때 □ 안에 알맞은 수를 구합니다.

② $\dfrac{5}{9}+\dfrac{\square}{9}=2$일 때 □ 안에 알맞은 수를 구합니다.

③ ①보다 크고 ②보다 작은 수는 모두 몇 개인지 구합니다.

• $\dfrac{5}{9}+\dfrac{\square}{9}=1$일 때

$\dfrac{5+\square}{9}=\dfrac{9}{9}$, $5+\square=9$, $\square=4$

• $\dfrac{5}{9}+\dfrac{\square}{9}=2$일 때

$\dfrac{5+\square}{9}=\dfrac{18}{9}$, $5+\square=18$, $\square=13$

➡ $4<\square<13$이므로 $\square$ 안에 들어갈 수 있는 수는 5, 6, 7, 8, 9, 10, 11, 12로 모두 **8개**입니다.

> **참고**
> • ■부터 ●까지 자연수의 개수: (●−■+1)개
> **예** $4<\square<13$이므로 $\square$ 안에 들어갈 자연수의 개수
> ➡ 5부터 12까지 자연수의 개수
> ➡ $12-5+1=7+1=8$(개)

응용 4 (1) 분모가 8인 진분수

: $\dfrac{1}{8}$, $\dfrac{2}{8}$, $\dfrac{3}{8}$, $\dfrac{4}{8}$, $\dfrac{5}{8}$, $\dfrac{6}{8}$, $\dfrac{7}{8}$

(2) 분자끼리의 합이 7이고 차가 5인 두 진분수를 찾으면 $\dfrac{6}{8}$, $\dfrac{1}{8}$입니다.

예제 4-1 **생각 열기** 분모가 11인 진분수이므로 분자는 11보다 작은 수이어야 합니다.

분모가 11인 두 진분수의 합이 $1=\dfrac{11}{11}$이므로 두 진분수의 분자끼리의 합은 11입니다.
분자끼리의 합이 11이고 차가 3인 두 진분수를 찾으면 $\dfrac{7}{11}$과 $\dfrac{4}{11}$입니다.

예제 4-2 분모가 13인 대분수 중에서 $1\dfrac{5}{13}$보다 작은 대분수: $1\dfrac{1}{13}$, $1\dfrac{2}{13}$, $1\dfrac{3}{13}$, $1\dfrac{4}{13}$

교재 12쪽 **비법 ❸**의 방법으로 한꺼번에 계산합니다.

➡ $1\dfrac{1}{13}+1\dfrac{2}{13}+1\dfrac{3}{13}+1\dfrac{4}{13}$

$=(1+1+1+1)$
$\quad+\left(\dfrac{1}{13}+\dfrac{2}{13}+\dfrac{3}{13}+\dfrac{4}{13}\right)$

$=4+\dfrac{10}{13}=4\dfrac{10}{13}$

예제 4-3 **생각 열기** 분모가 9인 가분수이므로 분자는 9이거나 9보다 큰 수이어야 합니다.

$2\dfrac{5}{9}=\dfrac{23}{9}$이므로 분모가 9인 두 가분수의 합이 $\dfrac{23}{9}$인 경우를 찾습니다.

➡ $\dfrac{9}{9}+\dfrac{14}{9}=2\dfrac{5}{9}$, $\dfrac{10}{9}+\dfrac{13}{9}=2\dfrac{5}{9}$, $\dfrac{11}{9}+\dfrac{12}{9}=2\dfrac{5}{9}$

응용 5 (1) $\square+2\dfrac{1}{5}=6\dfrac{4}{5}$

(2) $6\dfrac{4}{5}-2\dfrac{1}{5}=\square$, $\square=4\dfrac{3}{5}$

(3) 바르게 계산하면 $4\dfrac{3}{5}-2\dfrac{1}{5}=2\dfrac{2}{5}$입니다.

예제 5-1 **생각 열기** 잘못 계산한 식에서 어떤 수를 먼저 구합니다.

어떤 수를 $\square$라 하면 잘못 계산한 식은 $\square+1\dfrac{7}{9}=5\dfrac{1}{9}$입니다.

$\square+1\dfrac{7}{9}=5\dfrac{1}{9}$, $5\dfrac{1}{9}-1\dfrac{7}{9}=\square$,

$\square=4\dfrac{10}{9}-1\dfrac{7}{9}=3\dfrac{3}{9}$

➡ 바르게 계산하면

$3\dfrac{3}{9}-1\dfrac{7}{9}=2\dfrac{12}{9}-1\dfrac{7}{9}=1\dfrac{5}{9}$입니다.

예제 5-2 **해법 순서**
① 어떤 수를 $\square$라 하고 잘못 계산한 식을 세웁니다.
② ①에서 세운 식을 보고 어떤 수를 구합니다.
③ 바르게 계산한 값을 구합니다.

어떤 수를 $\square$라 하면 잘못 계산한 식은
$\square-3\dfrac{6}{8}=4\dfrac{3}{8}$입니다.

$\square-3\dfrac{6}{8}=4\dfrac{3}{8}$, $4\dfrac{3}{8}+3\dfrac{6}{8}=\square$,

$\square=7\dfrac{9}{8}=8\dfrac{1}{8}$

➡ 바르게 계산하면

$8\dfrac{1}{8}+3\dfrac{6}{8}=11\dfrac{7}{8}$입니다.

예제 5-3 어떤 수를 $\square$라 하면 잘못 계산한 식은

$6\dfrac{3}{4}+\square=9\dfrac{2}{4}$, $9\dfrac{2}{4}-6\dfrac{3}{4}=\square$,

$\square=8\dfrac{6}{4}-6\dfrac{3}{4}=2\dfrac{3}{4}$입니다.

➡ 바르게 계산하면

$6-2\dfrac{3}{4}=5\dfrac{4}{4}-2\dfrac{3}{4}=3\dfrac{1}{4}$입니다.

응용 6 **생각 열기** (이어 붙여 만든 색 테이프의 전체 길이)
＝(색 테이프 3장의 길이의 합)
－(겹쳐진 부분의 길이의 합)

(1) $2 \times 3 = 6$ (cm)

(2) $\dfrac{3}{7} + \dfrac{3}{7} = \dfrac{6}{7}$ (cm)

(3) $6 - \dfrac{6}{7} = 5\dfrac{7}{7} - \dfrac{6}{7} = 5\dfrac{1}{7}$ (cm)

예제 6-1 (색 테이프 3장의 길이의 합)
＝$3 \times 3 = 9$ (cm)
(겹치는 부분의 길이의 합)
＝$\dfrac{5}{9} + \dfrac{5}{9} = \dfrac{10}{9} = 1\dfrac{1}{9}$ (cm)

⇨ (이어 붙여 만든 색 테이프의 전체 길이)

$= 9 - 1\dfrac{1}{9} = 8\dfrac{9}{9} - 1\dfrac{1}{9} = 7\dfrac{8}{9}$ (cm)

주의
색 테이프를 여러 장 길게 겹쳤을 때 겹친 부분의 수는 색 테이프의 수보다 1 작습니다.

예제 6-2 **해법 순서**
① 길이가 $1\dfrac{7}{11}$ m인 색 테이프 2장의 길이의 합을 구합니다.
② □ 안에 알맞은 수를 구합니다.

$1\dfrac{7}{11} + 1\dfrac{7}{11} = 2\dfrac{14}{11} = 3\dfrac{3}{11}$ (m)이고

필요한 색 테이프의 길이는 $2\dfrac{9}{11}$ m입니다.

⇨ (겹치는 부분의 길이)

$= 3\dfrac{3}{11} - 2\dfrac{9}{11} = 2\dfrac{14}{11} - 2\dfrac{9}{11} = \dfrac{5}{11}$ (m)

응용 7 (1) 교재 13쪽 **비법 5**에서 9를 제외한 수 중 가장 큰 수가 분자가 됩니다.

⇨ $\dfrac{8}{9}$

(2) 교재 13쪽 **비법 5**에서 9를 제외한 수 중 가장 작은 수가 분자가 됩니다.

⇨ $\dfrac{3}{9}$

(3) $\dfrac{8}{9} + \dfrac{3}{9} = \dfrac{8+3}{9} = \dfrac{11}{9} = 1\dfrac{2}{9}$

예제 7-1 **생각 열기** ・가장 큰 대분수: 분모가 9인 대분수를 만드는 것이므로 분모에는 9를 놓고, 나머지 수 중에서 자연수 부분에 가장 큰 수를, 분자에 두 번째로 큰 수를 놓습니다.

・가장 작은 대분수: 분모가 9인 대분수를 만드는 것이므로 분모에는 9를 놓고, 나머지 수 중에서 자연수 부분에 가장 작은 수를, 분자에 두 번째로 작은 수를 놓습니다.

・가장 큰 대분수: $8\dfrac{7}{9}$

・가장 작은 대분수: $5\dfrac{6}{9}$

⇨ $8\dfrac{7}{9} + 5\dfrac{6}{9} = 13\dfrac{13}{9} = 14\dfrac{4}{9}$

예제 7-2 **해법 순서**
① 만들 수 있는 가장 큰 대분수와 가장 작은 대분수를 각각 구합니다.
② ①에서 만든 두 수의 차를 구합니다.

・가장 큰 대분수: $75\dfrac{2}{8}$

・가장 작은 대분수: $25\dfrac{7}{8}$

⇨ $75\dfrac{2}{8} - 25\dfrac{7}{8} = 74\dfrac{10}{8} - 25\dfrac{7}{8} = 49\dfrac{3}{8}$

응용 8 (1) $\dfrac{1}{8} + \dfrac{3}{8} = \dfrac{4}{8}$

(2) $\dfrac{4}{8} + \dfrac{4}{8} = 1$이므로 두 사람이 함께 일을 끝내는 데 **2**일이 걸립니다.

예제 8-1 **생각 열기** 두 사람이 한 일의 양의 합이 1일 때 일을 모두 마친 것입니다.

두 사람이 하루 동안 함께 일을 하면 전체 일의 $\dfrac{3}{15} + \dfrac{2}{15} = \dfrac{5}{15}$를 할 수 있습니다.

$\dfrac{5}{15} + \dfrac{5}{15} + \dfrac{5}{15} = 1$이므로 두 사람이 함께 일을 끝내는 데 **3**일이 걸립니다.

예제 8-2 **해법 순서**
① 윤호가 4일 동안 하는 일의 양을 구합니다.
② 가은이가 해야 할 일의 양을 구합니다.
③ 가은이가 일을 끝내는 데 며칠이 걸리는지 구합니다.

(윤호가 4일 동안 하는 일의 양)

$= \dfrac{2}{17} + \dfrac{2}{17} + \dfrac{2}{17} + \dfrac{2}{17} = \dfrac{8}{17}$

(가은이가 해야 할 일의 양)

$= 1 - \dfrac{8}{17} = \dfrac{17}{17} - \dfrac{8}{17} = \dfrac{9}{17}$

⇨ $\dfrac{3}{17} + \dfrac{3}{17} + \dfrac{3}{17} = \dfrac{9}{17}$이므로 가은이가 일을 끝내는 데 **3**일이 걸립니다.

STEP 3 응용 유형 뛰어넘기 `26 ~ 30쪽`

01 $\dfrac{7}{14}$, $\dfrac{9}{14}$

02 $1\dfrac{3}{5}$

03 예 $1\dfrac{1}{7}$, $3\dfrac{6}{7}$

04 $3\dfrac{35}{40}$

05 7개

06 예 진분수는 분자가 분모보다 작아야 하므로 분자가 될 수 있는 수는 3, 5입니다. 수 카드 중 2장을 뽑아 만들 수 있는 분모가 7인 진분수는 $\dfrac{3}{7}$, $\dfrac{5}{7}$입니다. ⇨ $\dfrac{3}{7}+\dfrac{5}{7}=\dfrac{8}{7}=1\dfrac{1}{7}$; $1\dfrac{1}{7}$

07 2개, $\dfrac{1}{5}$ kg

08 예 어떤 수를 □라 하면 □$+6\dfrac{3}{8}-2\dfrac{6}{8}=7$,

□$+6\dfrac{3}{8}=7+2\dfrac{6}{8}=9\dfrac{6}{8}$, □$=9\dfrac{6}{8}-6\dfrac{3}{8}$,

□$=3\dfrac{3}{8}$입니다.

따라서 어떤 수는 $3\dfrac{3}{8}$입니다. ; $3\dfrac{3}{8}$

09 $2\dfrac{1}{8}$

10 예 색 테이프 3장의 길이의 합은

$5\dfrac{2}{11}+5\dfrac{2}{11}+5\dfrac{2}{11}$

$=(5+5+5)+\left(\dfrac{2}{11}+\dfrac{2}{11}+\dfrac{2}{11}\right)$

$=15\dfrac{6}{11}$ (cm)이고, 겹쳐서 붙인 부분의 길이의 합은 $15\dfrac{6}{11}-14\dfrac{9}{11}=\dfrac{8}{11}$ (cm)입니다.

겹쳐서 붙인 부분은 2군데이고

$\dfrac{4}{11}+\dfrac{4}{11}=\dfrac{8}{11}$ (cm)이므로 겹쳐서 붙인 한 군데의 길이는 $\dfrac{4}{11}$ cm입니다. ; $\dfrac{4}{11}$ cm

11 $60\dfrac{5}{10}$

12 승아, 10일

13 예

	$\dfrac{3}{6}$	
$\dfrac{2}{6}$	$\dfrac{1}{6}$	$\dfrac{5}{6}$
	$\dfrac{4}{6}$	

	$\dfrac{2}{6}$	
$\dfrac{1}{6}$	$\dfrac{3}{6}$	$\dfrac{5}{6}$
	$\dfrac{4}{6}$	

	$\dfrac{2}{6}$	
$\dfrac{1}{6}$	$\dfrac{5}{6}$	$\dfrac{4}{6}$
	$\dfrac{3}{6}$	

14 $14\dfrac{7}{12}$ m

---

01 $\dfrac{12}{14}-\dfrac{5}{14}=\dfrac{12-5}{14}=\dfrac{7}{14}$

$\dfrac{7}{14}+\dfrac{2}{14}=\dfrac{7+2}{14}=\dfrac{9}{14}$

02 생각 열기 (직접 마셔야 하는 물의 양)
= (하루 동안 필요한 물의 양)
−(음식을 먹을 때 들어온 물의 양)

$\dfrac{6}{5}=1\dfrac{1}{5}$

(직접 마셔야 하는 물의 양)

$=2\dfrac{4}{5}-\dfrac{6}{5}=2\dfrac{4}{5}-1\dfrac{1}{5}$

$=1\dfrac{3}{5}$ (L)

> **다른 풀이**
> (직접 마셔야 하는 물의 양)
> $=2\dfrac{4}{5}-\dfrac{6}{5}=\dfrac{14}{5}-\dfrac{6}{5}=\dfrac{8}{5}=1\dfrac{3}{5}$ (L)

03 생각 열기 진분수끼리의 합이 1이 되므로 자연수끼리의 합은 4가 되어야 합니다.

$5=4\dfrac{7}{7}$이므로 분모가 7인 두 대분수의 자연수 부분의 합은 4이고, 진분수 부분의 합이 $1=\dfrac{7}{7}$이어야 합니다.

$5=2\dfrac{2}{7}+2\dfrac{5}{7}$, $5=3\dfrac{4}{7}+1\dfrac{3}{7}$ 등 여러 가지 답이 나올 수 있습니다.

04 생각 열기 (자연수)−(대분수)는 자연수에서 1만큼을 가분수로 바꾸어 준 다음 계산합니다.

□$=14-8\dfrac{13}{40}-1\dfrac{32}{40}$

$=13\dfrac{40}{40}-8\dfrac{13}{40}-1\dfrac{32}{40}$

$=5\dfrac{27}{40}-1\dfrac{32}{40}$

$=4\dfrac{67}{40}-1\dfrac{32}{40}$

$=3\dfrac{35}{40}$

> **참고**
> 세 분수의 뺄셈: 앞에서부터 차례로 계산합니다.
> ⇨ $14-8\dfrac{13}{40}-1\dfrac{32}{40}$
> ① ②

05 해법 순서

① $1\frac{4}{16}=\frac{12}{16}+\frac{\square}{16}$일 때 □를 구합니다.

② $1\frac{4}{16}>\frac{12}{16}+\frac{\square}{16}$일 때 □ 안에 들어갈 수 있는 수를 구합니다.

③ □ 안에 들어갈 수 있는 수는 모두 몇 개인지 구합니다.

$1\frac{4}{16}=\frac{20}{16}$,

$\frac{20}{16}>\frac{12+\square}{16}$이므로 $20>12+\square$입니다.

$20=12+\square$일 때 $\square=8$이므로

$20>12+\square$에서 □ 안에 들어갈 수 있는 수는 8보다 작은 수인 1, 2, 3, 4, 5, 6, 7입니다.

⇨ **7개**

06 생각 열기 분모가 7인 진분수이어야 하므로 주어진 수 카드 중에서 분자가 될 수 있는 수는 7보다 작은 수입니다.

서술형 가이드 만들 수 있는 분모가 7인 진분수를 모두 만들고 합을 구하는 풀이 과정이 들어 있어야 합니다.

채점 기준	
상	만들 수 있는 분모가 7인 진분수를 모두 만들고 합을 바르게 구함.
중	만들 수 있는 분모가 7인 진분수를 모두 만들었으나 계산이 틀림.
하	만들 수 있는 분모가 7인 진분수를 바르게 만들지 못함.

07 생각 열기 남은 밀가루의 양은 케이크를 한 개 만드는 데 필요한 밀가루의 양보다 적어야 합니다.

케이크 한 개를 만들면 밀가루는

$7\frac{2}{5}-3\frac{3}{5}=6\frac{7}{5}-3\frac{3}{5}=3\frac{4}{5}$(kg)이 남고,

케이크 한 개를 더 만들면

$3\frac{4}{5}-3\frac{3}{5}=\frac{1}{5}$(kg)이 남습니다.

⇨ 케이크를 **2개**까지 만들고 밀가루가 $\frac{1}{5}$ **kg** 남습니다.

주의

케이크 한 개를 만드는 데 필요한 밀가루의 양만큼씩 차례로 빼서 남은 밀가루의 양을 구하도록 합니다.

08 서술형 가이드 뺄셈은 덧셈으로, 덧셈은 뺄셈으로 거꾸로 생각하여 어떤 수를 구하는 풀이 과정이 들어 있어야 합니다.

채점 기준	
상	뺄셈은 덧셈으로, 덧셈은 뺄셈으로 거꾸로 생각하여 어떤 수를 바르게 구함.
중	어떤 수를 구하는 식을 세웠으나 계산 과정에서 실수하여 답이 틀림.
하	어떤 수를 구하지 못함.

09 생각 열기 계산 결과가 가장 커야 하므로 자연수는 가장 큰 수이어야 하고 대분수는 가장 작은 수이어야 합니다.

가장 큰 자연수는 9이고, 남은 수 카드로 만들 수 있는 가장 작은 대분수는 $6\frac{7}{8}$입니다.

⇨ $9-6\frac{7}{8}=8\frac{8}{8}-6\frac{7}{8}=2\frac{1}{8}$

10 서술형 가이드 색 테이프를 겹친 2군데 중 한 군데의 길이만 구하는 내용이 풀이 과정에 들어 있어야 합니다.

채점 기준	
상	겹친 부분의 길이의 합을 구하고 겹쳐서 붙인 한 군데의 길이를 바르게 구함.
중	겹친 부분의 길이의 합을 구하였으나 겹쳐서 붙인 한 군데의 길이를 구하지 못함.
하	겹친 부분의 길이를 구하지 못함.

11 생각 열기 자연수를 대분수로 바꾸어 늘어놓은 대분수에서 자연수의 규칙, 분자의 규칙을 찾아봅니다.

항상 $2=1\frac{10}{10}$이므로 자연수 부분이 1부터 10까지 1씩 커지고 분모는 항상 10, 분자는 10부터 1까지 1씩 작아지는 규칙입니다.

$(1+2+3+\cdots\cdots+10)+(\frac{10+9+\cdots\cdots+2+1}{10})$

$=55+\frac{55}{10}=55+5\frac{5}{10}=60\frac{5}{10}$

다른 풀이

두 번째 분수부터 규칙을 찾아 마지막 분수까지 더하고 마지막에 첫 번째 수인 2를 더할 수도 있습니다.

참고

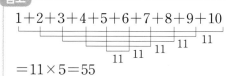

$=11\times5=55$

꼼꼼 풀이집

12 | **생각 열기** | 일의 양의 합이 1일 때 일을 마친 것이므로 일의 양의 합이 1을 넘을 때까지 더해 봅니다.

| **해법 순서** |

① 기훈이와 승아가 하루씩 이틀 동안 하는 일의 양을 구합니다.

② 마지막 날 일을 하는 사람을 알아봅니다.

(기훈이와 승아가 하루씩 이틀 동안 하는 일의 양)

$=\dfrac{3}{24}+\dfrac{2}{24}=\dfrac{5}{24}$

$\dfrac{5}{24}+\dfrac{5}{24}+\dfrac{5}{24}+\dfrac{5}{24}+\dfrac{3}{24}=\dfrac{23}{24}$에서 9일째 기훈이가 일을 하고, **10일**째인 마지막 날 일을 하는 사람은 **승아**입니다.

13 가운데 빈칸에 놓이는 수가 $\dfrac{1}{6}$, $\dfrac{3}{6}$, $\dfrac{5}{6}$가 되어야 합니다.

⇨ ・ ①$\dfrac{1}{6}$ $\dfrac{2}{6}$ $\dfrac{3}{6}$ $\dfrac{4}{6}$ $\dfrac{5}{6}$:

$\dfrac{2}{6}+\dfrac{1}{6}+\dfrac{5}{6}=1\dfrac{2}{6}$, $\dfrac{3}{6}+\dfrac{1}{6}+\dfrac{4}{6}=1\dfrac{2}{6}$

・ $\dfrac{1}{6}$ $\dfrac{2}{6}$ ③$\dfrac{3}{6}$ $\dfrac{4}{6}$ $\dfrac{5}{6}$:

$\dfrac{1}{6}+\dfrac{3}{6}+\dfrac{5}{6}=1\dfrac{3}{6}$, $\dfrac{2}{6}+\dfrac{3}{6}+\dfrac{4}{6}=1\dfrac{3}{6}$

・ $\dfrac{1}{6}$ $\dfrac{2}{6}$ $\dfrac{3}{6}$ $\dfrac{4}{6}$ ⑤$\dfrac{5}{6}$:

$\dfrac{1}{6}+\dfrac{5}{6}+\dfrac{4}{6}=1\dfrac{4}{6}$, $\dfrac{2}{6}+\dfrac{5}{6}+\dfrac{3}{6}=1\dfrac{4}{6}$

14 140 m의 $\dfrac{1}{7}$은 20 m이므로 $\dfrac{2}{7}$는 $20\times2=40$ (m)입니다. 기차의 앞이 40 m 들어가 있으므로 터널 입구에서 기차 뒤까지의 거리는

$54\dfrac{7}{12}-40=\mathbf{14\dfrac{7}{12}}$ **(m)**입니다.

| **실력** 평가 | 31 ～ 33쪽 |

01 $\dfrac{5}{10}$

02 $10\dfrac{5}{8}$

03 $2\dfrac{5}{11}$

04
+	$\dfrac{2}{7}$	$2\dfrac{5}{7}$
$\dfrac{3}{7}$	$\dfrac{5}{7}$	$3\dfrac{1}{7}$
$4\dfrac{4}{7}$	$4\dfrac{6}{7}$	$7\dfrac{2}{7}$

05
(선 연결: 위 점들과 아래 점들이 서로 교차 연결)

06 | **방법 1** | 예) $3\dfrac{1}{5}-1\dfrac{4}{5}=2\dfrac{6}{5}-1\dfrac{4}{5}$

$=(2-1)+\left(\dfrac{6}{5}-\dfrac{4}{5}\right)$

$=1+\dfrac{2}{5}=1\dfrac{2}{5}$

| **방법 2** | 예) $3\dfrac{1}{5}-1\dfrac{4}{5}=\dfrac{16}{5}-\dfrac{9}{5}=\dfrac{7}{5}=1\dfrac{2}{5}$

07 $\dfrac{4}{7}+\dfrac{5}{7}=1\dfrac{2}{7}$; $1\dfrac{2}{7}$ L

08 $>$ 　　　　　　**09** $3\dfrac{3}{4}$ 조각

10 $1\dfrac{1}{3}$ 시간　　　**11** $6\dfrac{2}{13}$

12 $8\dfrac{1}{12}$　　　　　**13** $\dfrac{9}{13}$ m

14 예) 분모가 11인 진분수 중 $\dfrac{7}{11}$보다 큰 분수는

$\dfrac{8}{11}$, $\dfrac{9}{11}$, $\dfrac{10}{11}$입니다. 세 진분수를 더하면

$\dfrac{8}{11}+\dfrac{9}{11}+\dfrac{10}{11}=\dfrac{8+9+10}{11}=\dfrac{27}{11}=2\dfrac{5}{11}$

입니다. ; $2\dfrac{5}{11}$

15 (앞에서부터) 2, 5, $4\dfrac{7}{12}$

16 $5\dfrac{4}{15}$ L

17 예) 만들 수 있는 두 대분수는 $7\dfrac{3}{9}$, $3\dfrac{7}{9}$입니다.

따라서 두 대분수의 차는

$7\dfrac{3}{9}-3\dfrac{7}{9}=6\dfrac{12}{9}-3\dfrac{7}{9}=3\dfrac{5}{9}$입니다. ; $3\dfrac{5}{9}$

18 8, 9, 10, 11, 12　　**19** $4\dfrac{1}{8}$ cm

20 연우, $\dfrac{3}{7}$ kg

---

01 $\dfrac{7}{10}-\dfrac{2}{10}=\dfrac{7-2}{10}=\dfrac{5}{10}$

02 $3\dfrac{6}{8}+6\dfrac{7}{8}=(3+6)+\left(\dfrac{6}{8}+\dfrac{7}{8}\right)=9+\dfrac{13}{8}$

$=9+1\dfrac{5}{8}=\mathbf{10\dfrac{5}{8}}$

03 $5\dfrac{3}{11}-2\dfrac{9}{11}=4\dfrac{14}{11}-2\dfrac{9}{11}=(4-2)+\left(\dfrac{14}{11}-\dfrac{9}{11}\right)$

$=2+\dfrac{5}{11}=\mathbf{2\dfrac{5}{11}}$

04
$$\cdot \frac{3}{7}+\frac{2}{7}=\frac{\mathbf{5}}{\mathbf{7}}$$
$$\cdot \frac{3}{7}+2\frac{5}{7}=2\frac{8}{7}=\mathbf{3}\frac{\mathbf{1}}{\mathbf{7}}$$
$$\cdot 4\frac{4}{7}+\frac{2}{7}=\mathbf{4}\frac{\mathbf{6}}{\mathbf{7}}$$
$$\cdot 4\frac{4}{7}+2\frac{5}{7}=6\frac{9}{7}=\mathbf{7}\frac{\mathbf{2}}{\mathbf{7}}$$

05
$$\cdot 1-\frac{2}{6}=\frac{6}{6}-\frac{2}{6}=\frac{4}{6}$$
$$\cdot 3\frac{5}{6}-1\frac{1}{6}=(3-1)+\left(\frac{5}{6}-\frac{1}{6}\right)=2\frac{4}{6}$$
$$\cdot 7\frac{5}{6}-6\frac{4}{6}=(7-6)+\left(\frac{5}{6}-\frac{4}{6}\right)=1\frac{1}{6}$$

06 방법1 자연수는 자연수끼리, 분수는 분수끼리 계산하기

방법2 대분수를 가분수로 고쳐서 계산하기

07 서술형 가이드 문제에 알맞은 덧셈식을 쓰고 답을 구해야 합니다.

채점 기준	
상	식 $\frac{4}{7}+\frac{5}{7}=1\frac{2}{7}$ 를 쓰고 답을 바르게 구함.
중	식 $\frac{4}{7}+\frac{5}{7}$ 만 씀.
하	식과 답을 모두 쓰지 못함.

08
$$\cdot 1-\frac{2}{9}=\frac{9}{9}-\frac{2}{9}=\frac{9-2}{9}=\frac{7}{9}$$
$$\cdot \frac{3}{9}+\frac{2}{9}=\frac{3+2}{9}=\frac{5}{9}$$
$$\Rightarrow \frac{7}{9}>\frac{5}{9}$$

09 생각 열기 '~ 모두 몇 조각입니까?'이므로 덧셈식을 만들어 계산합니다.

(두 사람이 먹은 메밀묵의 양)
$$=2\frac{1}{4}+1\frac{2}{4}=3+\frac{3}{4}=\mathbf{3}\frac{\mathbf{3}}{\mathbf{4}}(조각)$$

10 (과학을 공부한 시간)
$$=4-2\frac{2}{3}=3\frac{3}{3}-2\frac{2}{3}=\mathbf{1}\frac{\mathbf{1}}{\mathbf{3}}(시간)$$

11 생각 열기 앞에서부터 차례로 계산합니다.
$$5\frac{5}{13}+3\frac{4}{13}=8\frac{9}{13}, \quad 8\frac{9}{13}-2\frac{7}{13}=\mathbf{6}\frac{\mathbf{2}}{\mathbf{13}}$$

12 생각 열기 가분수를 대분수로 나타낸 다음 세 분수의 크기를 비교하여 가장 큰 수와 가장 작은 수를 찾아봅니다.
$$\frac{54}{12}=4\frac{6}{12}이고, \ 4\frac{6}{12}>4\frac{1}{12}>3\frac{7}{12}입니다.$$
$$\Rightarrow 4\frac{6}{12}+3\frac{7}{12}=7\frac{13}{12}=\mathbf{8}\frac{\mathbf{1}}{\mathbf{12}}$$

13 해법 순서
① 끈 2개의 길이의 합을 구합니다.
② 매듭 부분의 길이를 구합니다.

(끈 2개의 길이의 합)
$$=4\frac{7}{13}+4\frac{7}{13}=8+\frac{14}{13}=8+1\frac{1}{13}$$
$$=9\frac{1}{13}(m)$$

(매듭 부분의 길이)
$$=9\frac{1}{13}-8\frac{5}{13}=8\frac{14}{13}-8\frac{5}{13}$$
$$=\frac{\mathbf{9}}{\mathbf{13}}(m)$$

참고
(이은 전체의 길이)
=(끈 2개의 길이의 합)-(매듭 부분의 길이)
⇨ (매듭 부분의 길이)
=(끈 2개의 길이의 합)-(이은 전체의 길이)

14 서술형 가이드 분모가 11인 진분수 중 $\frac{7}{11}$ 보다 큰 분수들을 찾고 합을 구하는 내용이 풀이 과정에 들어 있어야 합니다.

채점 기준	
상	조건에 맞는 분수를 찾고 그 합을 바르게 구함.
중	조건에 맞는 분수를 찾았으나 계산이 틀림.
하	조건에 맞은 분수를 찾지 못함.

15 생각 열기 계산 결과가 가장 커야 하므로 빼는 수는 가장 작아야 합니다.
가장 작은 대분수를 만들 때에는 가장 작은 수를 자연수 부분에 놓습니다.

만들 수 있는 가장 작은 대분수: $2\frac{\mathbf{5}}{\mathbf{12}}$
$$\Rightarrow 7-2\frac{5}{12}=6\frac{12}{12}-2\frac{5}{12}=\mathbf{4}\frac{\mathbf{7}}{\mathbf{12}}$$

16 생각 열기 '~ 사용하고'는 뺄셈식을 만들어 계산하고 '~ 더 부었습니다.'는 덧셈식을 만들어 계산합니다.

(사용하고 남은 물의 양)
$$=4\frac{3}{15}-1\frac{9}{15}=3\frac{18}{15}-1\frac{9}{15}=2\frac{9}{15}(L)$$

(물통에 들어 있는 물의 양)
$$=2\frac{9}{15}+2\frac{10}{15}=4\frac{19}{15}=\mathbf{5}\frac{\mathbf{4}}{\mathbf{15}}(L)$$

꼼꼼 풀이집

17 서술형 가이드 분모가 9인 두 대분수를 만들고 그 차를 구하는 내용이 풀이 과정에 들어 있어야 합니다.

채점 기준

상	조건에 맞는 분수를 만들고 그 차를 바르게 구함.
중	조건에 맞는 분수를 만들었으나 계산이 틀림.
하	조건에 맞은 분수를 만들지 못함.

18 해법 순서
① 오른쪽 식을 계산합니다.
② 왼쪽 식과 오른쪽 식이 같을 때의 □를 구합니다.
③ □ 안에 들어갈 수 있는 수를 모두 구합니다.

$3\frac{9}{13}+2\frac{7}{13}=5\frac{16}{13}=6\frac{3}{13}$

$6\frac{\square}{13}-\frac{4}{13}=6\frac{3}{13}$일 때

$6\frac{\square}{13}=6\frac{3}{13}+\frac{4}{13}=6\frac{7}{13}$입니다.

$6\frac{\square}{13}-\frac{4}{13}>6\frac{3}{13}$에서

□>7이고 분모가 13이므로 13>□>7입니다.

⇨ □=**8, 9, 10, 11, 12**

19 해법 순서
① 정사각형을 만드는 데 사용한 철사의 길이를 구합니다.
② 정사각형의 한 변의 길이를 구합니다.

(정사각형을 만드는 데 사용한 철사의 길이)

$=20\frac{7}{8}-4\frac{3}{8}=16\frac{4}{8}$ (cm)

정사각형의 네 변의 길이는 모두 같으므로

$4\frac{1}{8}+4\frac{1}{8}+4\frac{1}{8}+4\frac{1}{8}=16\frac{4}{8}$입니다.

⇨ 정사각형의 한 변의 길이는 $4\frac{1}{8}$ **cm**입니다.

20 해법 순서
① 연우의 가방 안에 들어 있는 물건의 무게를 구합니다.
② 해주의 가방 안에 들어 있는 물건의 무게를 구합니다.
③ 누구의 가방 안에 들어 있는 물건의 무게가 몇 kg 더 무거운지 구합니다.

• 연우: $2\frac{3}{7}+\frac{6}{7}+\frac{4}{7}=2\frac{13}{7}=3\frac{6}{7}$ (kg)

• 해주: $1\frac{5}{7}+\frac{3}{7}+1\frac{2}{7}=2\frac{10}{7}=3\frac{3}{7}$ (kg)

⇨ $3\frac{6}{7}>3\frac{3}{7}$이므로 **연우** 가방 안에 들어 있는 물건이 $3\frac{6}{7}-3\frac{3}{7}=\frac{3}{7}$ **(kg)** 더 무겁습니다.

---

2. 삼각형

STEP 1 기본 유형 익히기   40 ~ 43쪽

1-1 가, 다, 라, 바   **1-2** 가, 라

1-3 ㉡, ㉢ / ㉢   **1-4** 6, 8

1-5 하늘

2-1 75   **2-2** ①, ③

2-3 예 삼각형의 나머지 한 각의 크기는 70°입니다. 크기가 같은 두 각이 없으므로 이등변삼각형이 아닙니다.

2-4 45

3-1 60

3-2 예 세 각의 크기가 모두 60°로 같습니다.
예 두 정삼각형의 변의 길이가 서로 다릅니다.

3-3 18 cm   **3-4** 120

4-1 나, 마 / 가, 라 / 다, 바

4-2 예각삼각형   **4-3** 예각삼각형

4-4 ①   **4-5** 2, 2

4-6 예

5-1

5-2 (위에서부터) 가 / 라 / 다 / 바 / 마 / 나

5-3 ㉠, ㉢

5-4 예

5-5 맞습니다. ; 예 정삼각형의 세 각의 크기는 모두 60°이므로 정삼각형은 항상 예각삼각형입니다.

1-1 두 변의 길이가 같은 삼각형을 찾습니다.

주의
가와 라 삼각형을 정삼각형이라고만 답하지 않도록 주의합니다.

1-2 세 변의 길이가 모두 같은 삼각형을 찾습니다.

1-3 • 이등변삼각형: 두 변의 길이가 같은 삼각형
• 정삼각형: 세 변의 길이가 같은 삼각형

1-4 이등변삼각형은 두 변의 길이가 같아야 하므로 □는 **6** 또는 8입니다.

1-5 · 하늘: 정삼각형은 세 변의 길이가 같으므로 이등변 삼각형입니다.

· 민지: 이등변삼각형은 항상 세 변의 길이가 같은 것이 아니므로 정삼각형이 아닙니다.

2-1 이등변삼각형은 두 각의 크기가 같습니다.

> **다른 풀이**
> 삼각형의 세 각의 크기의 합은 $180°$임을 이용하여 구할 수도 있습니다.
> ⇨ $180° - 75° - 30° = 75°$

2-2 이등변삼각형은 두 변의 길이가 같고 두 각의 크기가 같습니다.

2-3 (나머지 한 각의 크기) $= 180° - 35° - 75°$
$= 70°$

> **서술형 가이드** 삼각형의 나머지 한 각의 크기를 구하고 이등변삼각형의 성질을 이용하여 이등변삼각형이 아닌 이유를 설명하는 내용이 들어 있어야 합니다.

> **채점 기준**
>
> | 상 | 주어진 삼각형이 이등변삼각형이 아닌 이유를 바르게 설명함. |
> |---|---|
> | 중 | 주어진 삼각형이 이등변삼각형이 아닌 이유에 대한 설명이 미흡함. |
> | 하 | 주어진 삼각형이 이등변삼각형이 아닌 이유에 대한 설명이 틀림. |

2-4 **생각 열기** 삼각형의 한 각의 크기가 $90°$이고 나머지 두 각의 크기는 같습니다.

이등변삼각형의 두 각의 크기는 같으므로
$□° + □° + 90° = 180°$, $□° + □° = 90°$,
$□° = 45°$입니다.

3-1 정삼각형의 한 각의 크기는 **60°**입니다.

3-2 **서술형 가이드** 두 정삼각형의 같은 점과 다른 점을 각각 정삼각형의 성질을 이용하여 설명하여야 합니다.

> **채점 기준**
>
> | 상 | 두 정삼각형의 같은 점과 다른 점을 바르게 설명함. |
> |---|---|
> | 중 | 두 정삼각형의 같은 점과 다른 점 중에서 한 가지만 바르게 답함. |
> | 하 | 두 정삼각형의 같은 점과 다른 점에 대한 설명이 미흡함. |

3-3 (정삼각형의 세 변의 길이의 합)
$= 6 × 3 = 18$ **(cm)**

3-4 **해법 순서**
① 정삼각형의 한 각의 크기를 구합니다.
② □ 안에 알맞은 수를 구합니다.

정삼각형의 한 각의 크기는 $60°$입니다.
⇨ $180° - 60° = 120°$

4-1 · 예각삼각형: 세 각이 모두 예각인 삼각형
· 직각삼각형: 한 각이 직각인 삼각형
· 둔각삼각형: 한 각이 둔각인 삼각형

4-2 세 각이 모두 예각이므로 **예각삼각형**입니다.

4-3 세 각이 모두 예각이므로 **예각삼각형**입니다.

4-4 직접 이어 보았을 때, 한 각이 둔각인 삼각형이 되는 점을 찾습니다.

4-5 **생각 열기** 도형을 나누어 만들어진 각 삼각형에서 세 각이 모두 예각인 삼각형과 한 각이 둔각인 삼각형이 되는 점을 각각 찾아봅니다.

· 세 각이 모두 예각인 삼각형: ②, ③
· 한 각이 둔각인 삼각형: ①, ④

4-6 **생각 열기** 예각삼각형은 세 각이 모두 예각입니다.

5-1 · 두 변의 길이가 같으므로 이등변삼각형입니다.
· 한 각이 둔각이므로 둔각삼각형입니다.

5-3 **생각 열기** 각의 크기에 따라 삼각형을 분류하면 예각삼각형, 직각삼각형, 둔각삼각형으로 분류할 수 있습니다.

· 두 각의 크기가 같으므로 이등변삼각형입니다.
· 세 각이 모두 예각이므로 예각삼각형입니다.

5-4 한 각이 둔각이고 두 변의 길이가 같은 삼각형을 그립니다.

5-5 **서술형 가이드** 정삼각형의 세 각의 크기가 $60°$임을 이용하여 설명하여야 합니다.

> **채점 기준**
>
> | 상 | 맞는지 틀리는지 답하고 이유를 바르게 설명함. |
> |---|---|
> | 중 | 맞는지 틀리는지는 바르게 답하였으나 이유에 대한 설명이 미흡함. |
> | 하 | 맞는지 틀리는지에 대한 대답이 틀림. |

꼼꼼 풀이집

응용 1 예각삼각형

예제 1-1 둔각삼각형

예제 1-2 예각삼각형, 이등변삼각형

응용 2 120°

예제 2-1 90°   **예제 2-2** 30°

예제 2-3 60°

응용 3 10 cm, 10 cm, 12 cm / 10 cm, 11 cm, 11 cm

예제 3-1 12 cm, 12 cm, 4 cm / 12 cm, 8 cm, 8 cm

예제 3-2 4가지

응용 4 2가지

예제 4-1 2가지   **예제 4-2** 45, 90

응용 5 16

예제 5-1 7 cm   **예제 5-2** 38 cm

응용 6 45 cm

예제 6-1 54 cm   **예제 6-2** 72 cm

응용 7 30°

예제 7-1 128°   **예제 7-2** 80°

응용 8 17개

예제 8-1 6개   **예제 8-2** 1개

응용 1 (1) (나머지 한 각의 크기)
$$=180°-35°-85°=60°$$

(2) 삼각형의 세 각의 크기가 35°, 85°, 60°로 모두 예각이므로 **예각삼각형**입니다.

예제 1-1 해법 순서

① 삼각형의 나머지 한 각의 크기를 구합니다.

② 삼각형이 예각삼각형, 직각삼각형, 둔각삼각형 중 어떤 삼각형인지 알아봅니다.

(나머지 한 각의 크기)
$$=180°-45°-43°=92°$$

⇨ 삼각형의 세 각의 크기가 45°, 43°, 92°로 한 각이 둔각이므로 **둔각삼각형**입니다.

예제 1-2 생각 열기 그린 삼각형의 나머지 한 각의 크기를 구해 봅니다.

(그린 삼각형의 나머지 한 각의 크기)
$$=180°-65°-50°=65°$$

삼각형의 세 각의 크기가 65°, 50°, 65°로 모두 예각이므로 **예각삼각형**이고, 두 각의 크기가 같으므로 **이등변삼각형**입니다.

응용 2 (1) 정삼각형의 세 각의 크기는 모두 60°이므로 ㉠=60°, ㉡=60°입니다.

(2) ㉠+㉡=60°+60°=**120°**

> **다른 풀이**
>
> 삼각형의 세 각의 크기의 합은 180°이고 ㉠, ㉡을 제외한 나머지 한 각의 크기도 60°이므로 ㉠+㉡=180°-60°=120°입니다.

예제 2-1 생각 열기 이등변삼각형에서 크기가 같은 두 각을 먼저 찾아봅니다.

이등변삼각형의 두 각의 크기는 같으므로 ㉡=30°입니다.
$$㉠=180°-30°-30°=120°$$
⇨ ㉠-㉡=120°-30°=**90°**

예제 2-2

㉠=40°이고 이등변삼각형의 두 각의 크기가 같으므로 ㉡=㉢이고,
40°+㉡+㉢=180°,
㉡+㉢=180°-40°=140°,
㉡=㉢=70°입니다.
⇨ ㉡-㉠=70°-40°=**30°**

예제 2-3 해법 순서

① 정삼각형의 한 각의 크기를 구합니다.

② ㉠의 각도를 구합니다.

정삼각형의 세 각의 크기는 모두 60°이므로 ㉡=60°, ㉢=60°입니다.

⇨ ㉡+㉢=60°+60°=120°,
㉠=180°-120°=**60°**

> **참고**
>
> 일직선이 이루는 각의 크기는 180°입니다.
> ⇨ ㉠+㉡+㉢=180°

응용 3 (1) 이등변삼각형은 두 변의 길이가 같습니다.

(2) • 길이가 10 cm인 변이 두 개인 경우
: (나머지 한 변의 길이)=32-10-10
$$=12\,(cm)$$
⇨ **10 cm, 10 cm, 12 cm**

• 길이가 10 cm인 변이 한 개인 경우
: 두 변의 길이를 각각 ☐ cm라 하면
☐+☐+10=32, ☐=11
⇨ **10 cm, 11 cm, 11 cm**

예제 **3-1** 생각 열기 이등변삼각형은 두 변의 길이가 같으므로 길이가 12 cm인 변이 한 개인 경우, 두 개인 경우로 나누어 각각 생각해 봅니다.

- 길이가 12 cm인 변이 두 개인 경우
  : (나머지 한 변의 길이)
    $=28-12-12=4$ (cm)
  ⇨ **12 cm, 12 cm, 4 cm**

- 길이가 12 cm인 변이 한 개인 경우
  : 두 변의 길이를 각각 □ cm라 하면
    $□+□+12=28$, $□+□=16$, $□=8$
  ⇨ **12 cm, 8 cm, 8 cm**

예제 **3-2** 생각 열기 길이가 같은 두 변의 길이가 1 cm, 2 cm……일 경우를 차례로 알아보고 이등변삼각형을 만들 수 있는 경우를 찾아봅니다.

가장 긴 한 변의 길이가 나머지 두 변의 길이의 합보다 길면 삼각형을 만들 수 없고 세 변의 길이의 합이 18 cm이어야 합니다.

⇨ 이등변삼각형을 만들 수 있는 경우
  : (5 cm, 5 cm, 8 cm), (6 cm, 6 cm, 6 cm), (7 cm, 7 cm, 4 cm), (8 cm, 8 cm, 2 cm)
  로 모두 **4가지**입니다.

참고

가장 긴 변의 길이가 나머지 두 변의 길이의 합보다 길면 두 변이 만나지 못하므로 삼각형을 만들 수 없습니다.

응용 **4** (1) 둔각삼각형은 한 각이 둔각이므로 둔각삼각형의 한 각의 크기가 될 수 있는 각도는 $100°$, $130°$입니다.

(2) • 둔각이 $100°$인 경우: $100°$, $30°$, $50°$
    • 둔각이 $130°$인 경우: $130°$, $30°$, $20°$
    ⇨ 둔각삼각형이 되는 경우는 모두 **2가지**입니다.

예제 **4-1** 생각 열기 둔각을 찾고 각각의 경우 나머지 두 각의 크기가 될 수 있는 경우를 찾아봅니다.

- 둔각이 $110°$인 경우: 나머지 두 각의 크기의 합이 $70°$가 되어야 하는데 만족하는 각이 없습니다.
- 둔각이 $115°$인 경우: $115°$, $25°$, $40°$
- 둔각이 $135°$인 경우: $135°$, $25°$, $20°$
  ⇨ 둔각삼각형이 되는 경우는 모두 **2가지**입니다.

예제 **4-2** ㉠+㉡=$90°$이면 나머지 한 각의 크기가 $90°$이므로 직각삼각형이 됩니다.
나머지 한 각의 크기가 $90°$보다 작아지려면 ㉠+㉡이 $90°$보다 커야 하므로 ㉠의 각도는 $45°$보다 커야 합니다.
또 삼각형의 세 각의 크기의 합은 $180°$이므로 ㉠+㉡이 $180°$보다 작아야 하므로 ㉠의 각도는 $90°$보다 작아야 합니다.

⇨ ㉠의 각도는 **$45°$**보다 크고 **$90°$**보다 작아야 합니다.

응용 **5** (1) (정삼각형의 세 변의 길이의 합)
    $=12+12+12=36$ (cm)

(2) 이등변삼각형은 두 변의 길이가 같고, 이등변삼각형의 세 변의 길이의 합도 36 cm이므로 $10+10+□=36$, $20+□=36$, $□=$**16**입니다.

예제 **5-1** (이등변삼각형의 세 변의 길이의 합)
    $=8+5+8=21$ (cm)
정삼각형의 한 변의 길이를 □ cm라 하면 정삼각형의 세 변의 길이의 합도 21 cm이므로 $□+□+□=21$, $□=7$입니다.

예제 **5-2** 해법 순서
① 변 ㄱㄹ의 길이를 구합니다.
② 변 ㄱㄴ의 길이를 구합니다.
③ 사각형 ㄱㄴㄷㄹ의 네 변의 길이의 합을 구합니다.

이등변삼각형 ㄱㄷㄹ에서
(변 ㄱㄹ의 길이)=(변 ㄷㄹ의 길이)=11 cm입니다.
이등변삼각형의 세 변의 길이의 합이 30 cm이므로 $11+$(변 ㄱㄷ의 길이)$+11=30$, (변 ㄱㄷ의 길이)=8 cm입니다.
변 ㄱㄷ은 정삼각형의 한 변이므로
(변 ㄱㄴ의 길이)=(변 ㄴㄷ의 길이)
=(변 ㄱㄷ의 길이)=8 cm입니다.

⇨ (사각형 ㄱㄴㄷㄹ의 네 변의 길이의 합)
    $=8+8+11+11=$**38 (cm)**

응용 **6** (1) 정삼각형의 세 변의 길이는 모두 같으므로 정삼각형의 한 변의 길이는 $27÷3=9$ (cm)입니다.

(2) 빨간 선의 길이는 정삼각형의 변 5개의 길이의 합과 같습니다.
    ⇨ (빨간 선의 길이)$=9×5=$**45 (cm)**

예제 6-1 생각 열기 (정삼각형의 한 변의 길이)
＝(정삼각형의 세 변의 길이의 합)÷3

(정삼각형의 한 변의 길이)＝18÷3＝6 (cm)
빨간 선의 길이는 정삼각형의 변 9개의 길이의
합과 같습니다.
⇨ (빨간 선의 길이)＝6×9＝**54 (cm)**

예제 6-2 해법 순서
① 정삼각형의 수와 사각형의 네 변에서 정삼각형
의 변의 수가 몇 개씩 늘어나는지 규칙을 찾아봅
니다.
② 정삼각형 10개를 이어 붙였을 때 사각형의 네
변의 길이의 합은 정삼각형의 변 몇 개의 길이의
합과 같은지 구합니다.
③ 만든 사각형의 네 변의 길이의 합을 구합니다.

정삼각형의 수(개)	2	3	4	5	……
사각형의 네 변에서 정삼각형의 변의 수(개)	4	5	6	7	……

(사각형의 네 변에서 정삼각형의 변의 수)
＝(정삼각형의 수)＋2
정삼각형 10개를 붙이면 만든 사각형의 네 변에
서 정삼각형의 변의 수는 10＋2＝12(개)가 됩
니다.
⇨ (만든 사각형의 네 변의 길이의 합)
＝6×12＝**72 (cm)**

응용 7 (1) 정삼각형에서 각 ㄱㄷㄹ의 크기는 60°이고,
일직선이 이루는 각의 크기는 180°이므로 각
ㄱㄷㄴ의 크기는 180°−60°＝120°입니다.
(2) 삼각형 ㄱㄴㄷ이 이등변삼각형이므로
각 ㄱㄴㄷ과 각 ㄴㄱㄷ의 크기가 같습니다.
(각 ㄱㄴㄷ의 크기)＋(각 ㄴㄱㄷ의 크기)＋120°
＝180°
(각 ㄱㄴㄷ의 크기)＋(각 ㄴㄱㄷ의 크기)
＝60°
(각 ㄱㄴㄷ의 크기)＝**30°**

예제 7-1 • 삼각형 ㄱㄷㄹ은 이등변삼각형이므로
각 ㄱㄷㄹ과 각 ㄱㄹㄷ의 크기가 같습니다.
(각 ㄱㄷㄹ의 크기)
＋(각 ㄱㄹㄷ의 크기)＋44°＝180°,
(각 ㄱㄷㄹ의 크기)＋(각 ㄱㄹㄷ의 크기)
＝136°, (각 ㄱㄷㄹ의 크기)＝68°
• 정삼각형의 한 각의 크기는 60°이므로
(각 ㄱㄷㄴ의 크기)＝60°입니다.

⇨ (각 ㄴㄷㄹ의 크기)
＝(각 ㄱㄷㄴ의 크기)＋(각 ㄱㄷㄹ의 크기)
＝60°＋68°＝**128°**

예제 7-2 해법 순서
① 각 ㄹㄷㄴ의 크기를 구합니다.
② 각 ㄱㄴㄷ의 크기를 구합니다.
③ 각 ㄴㄱㄷ의 크기를 구합니다.

• 삼각형 ㄹㄴㄷ은 이등변삼각형이므로
각 ㄹㄴㄷ과 각 ㄹㄷㄴ의 크기가 같습니다.
(각 ㄹㄴㄷ의 크기)
＋(각 ㄹㄷㄴ의 크기)＋120°＝180°,
(각 ㄹㄴㄷ의 크기)＋(각 ㄹㄷㄴ의 크기)
＝60°,
(각 ㄹㄷㄴ의 크기)＝30°
• 삼각형 ㄱㄴㄷ은 이등변삼각형이므로
(각 ㄱㄴㄷ의 크기)＝(각 ㄱㄷㄴ의 크기)
＝30°＋20°＝50°입니다.
⇨ (각 ㄴㄱㄷ의 크기)＝180°−50°−50°
＝**80°**

응용 8 (1) 작은 정삼각형 1개짜리와 작은 정삼각형 4개짜
리 정삼각형이 있습니다.
(2) 작은 정삼각형 1개짜리: 13개
작은 정삼각형 4개짜리: 4개
⇨ 13＋4＝**17(개)**

예제 8-1 생각 열기 작은 삼각형 1개로 이루어진 삼각형과 작
은 삼각형 여러 개로 이루어진 삼각형을 각각 찾아봅
니다.

③, ②＋③, ③＋④, ①＋②＋③, ②＋③＋④,
①＋②＋③＋④
⇨ **6개**

예제 8-2 • 예각삼각형
삼각형 1개짜리: 8개, 삼각형 2개짜리: 1개,
삼각형 4개짜리: 4개
→ 8＋1＋4＝13(개)
• 둔각삼각형
삼각형 1개짜리: 8개, 삼각형 3개짜리: 2개,
삼각형 4개짜리: 4개
→ 8＋2＋4＝14(개)
⇨ 14−13＝**1(개)**

STEP 3 응용 유형 뛰어넘기 52 ~ 56쪽

01 가, 다, 사 / 마   **02** 14 cm

03 방법1 예 두 변의 길이가 같기 때문에 이등변삼각형입니다.

　　 방법2 예 두 각의 크기가 같기 때문에 이등변삼각형입니다.

04 50°

05 예 이등변삼각형의 두 각의 크기가 각각 50°인 경우는 세 각의 크기가 50°, 50°, 80°입니다. 이등변삼각형의 한 각의 크기가 50°인 경우는 세 각의 크기가 50°, 65°, 65°입니다. 따라서 나올 수 있는 모든 경우 이등변삼각형의 세 각이 모두 예각이므로 예각삼각형입니다. ; 예각삼각형

06 114 cm

07 예 ・ 삼각형 ㅁㄴㄷ은 정삼각형이므로
(각 ㄴㄷㄷ의 크기)＝(각 ㅁㄴㄷ의 크기)
＝60°입니다.
・ 사각형 ㄱㄴㄷㄹ이 직사각형이므로
(각 ㄱㄴㄷ의 크기)＝90°이고,
(각 ㄱㄴㅁ의 크기)＝90°－60°＝30°입니다.
⇨ 삼각형 ㄱㄴㅁ에서
(각 ㄱㅁㄴ의 크기)＝180°－90°－30°＝60°
입니다. ; 60°

08 64°   **09** 20개

10 84°   **11** 30 cm

12 45°   **13** 5가지

14 6개

01 생각 열기 이등변삼각형을 먼저 찾은 다음 그중에서 예각삼각형과 둔각삼각형으로 분류하여 봅니다.

이등변삼각형을 찾아보면 가, 다, 마, 사입니다.
・ 이등변삼각형 중에서 예각삼각형은 **가, 다, 사**입니다.
・ 이등변삼각형 중에서 둔각삼각형은 **마**입니다.

02 삼각형 ㄱㄴㄷ은 이등변삼각형이므로
(변 ㄱㄴ의 길이)＝(변 ㄴㄷ의 길이)이고 변 ㄱㄴ의 길이를 □ cm라 하면 □＋□＋24＝52,
□＋□＝28, □＝14입니다.

03 생각 열기 이등변삼각형의 성질을 이용하여 삼각형이 이등변삼각형이라는 것을 알 수 있는 방법을 생각해봅니다.

서술형 가이드 방법의 설명에서 이등변삼각형의 성질을 이용하는 내용이 들어 있어야 합니다.

채점 기준

상	이등변삼각형이라는 것을 알 수 있는 방법을 두 가지 모두 바르게 씀.
중	이등변삼각형이라는 것을 알 수 있는 방법을 한 가지만 바르게 씀.
하	이등변삼각형이라는 것을 알 수 있는 방법의 내용이 미흡함.

참고

・이등변삼각형의 성질
① 두 변의 길이가 같습니다.
② 두 각의 크기가 같습니다.

04 삼각형 ㄱㄴㄷ은 이등변삼각형이므로
(각 ㄱㄴㄷ의 크기)＝(각 ㄱㄷㄴ의 크기)＝65°입니다.
⇨ (각 ㄴㄱㄷ의 크기)＝180°－65°－65°＝**50°**

05 ① ・ (나머지 한 각의 크기)＝180°－50°－50°
　　　　　　　　　　　　＝80°
② ・ (나머지 두 각의 크기의 합)
　　＝180°－50°＝130°
나머지 두 각의 크기가 같아야 하므로
130÷2＝65°입니다.

서술형 가이드 이등변삼각형의 성질을 이용하는 내용이 풀이 과정에 들어 있어야 합니다.

채점 기준

상	두 각의 크기가 각각 50°인 경우, 한 각의 크기가 50°인 경우로 나누어 어떤 삼각형인지 바르게 구함.
중	한 가지 경우만 생각하며 답함.
하	어떤 삼각형인지 답하지 못함.

06 한 조각씩 더 이어 붙일 때마다 네 변의 길이의 합은 삼각형의 짧은 변 한 개의 길이만큼 늘어나고 긴 변은 2개로 고정되어 있습니다.

조각 10개를 이어 붙이면 짧은 변 10개와 긴 변 2개가 됩니다.
・ (짧은 변 10개의 길이의 합)＝9×10＝90 (cm)
・ (긴 변 2개의 길이의 합)＝12×2＝24 (cm)
⇨ (사각형의 네 변의 길이의 합)
＝90＋24
＝**114 (cm)**

꼼꼼 풀이집

07 생각 열기 직사각형의 한 각의 크기는 $90°$이고 정삼각형의 한 각의 크기는 $60°$임을 이용하여 문제를 해결합니다.

채점 기준

상	직사각형과 정삼각형의 각의 크기를 이용하여 각 ㄱㅁㅂ의 크기를 바르게 구함.
중	각 ㄴㄱㅁ과 각 ㄱㅁㄴ의 크기는 구하였으나 각 ㄱㅁㅂ의 크기를 바르게 구하지 못함.
하	직사각형과 정삼각형의 각의 크기를 이용하여 문제를 해결하지 못함.

08 해법 순서

① 각 ㄱㄷㄴ의 크기를 구합니다.
② 각 ㅁㄷㄹ의 크기를 구합니다.
③ 각 ㄱㄷㅁ의 크기를 구합니다.

삼각형 ㄱㄴㄷ은 이등변삼각형이므로
(각 ㄴㄱㄷ의 크기)=(각 ㄱㄷㄴ의 크기),
(각 ㄴㄱㄷ의 크기)+$90°$+(각 ㄱㄷㄴ의 크기)=$180°$
(각 ㄴㄱㄷ의 크기)+(각 ㄱㄷㄴ의 크기)=$90°$,
(각 ㄱㄷㄴ의 크기)=$45°$입니다.
삼각형 ㄷㄹㅁ은 이등변삼각형이므로
(각 ㅁㄷㄹ의 크기)=(각 ㅁㄹㄷ의 크기),
(각 ㅁㄷㄹ의크기)+(각 ㅁㄹㄷ의 크기)+$38°$=$180°$
(각 ㅁㄷㄹ의 크기)+(각 ㅁㄹㄷ의 크기)=$142°$,
(각 ㅁㄷㄹ의 크기)=$71°$입니다.
⇨ (각 ㄱㄷㅁ의 크기)=$180°-45°-71°=$**64°**

09 생각 열기 작은 삼각형 여러 개가 모여 만들어진 정삼각형의 수를 세어봅니다.

• 작은 정삼각형 1개짜리: 12개
• 작은 정삼각형 4개짜리: 6개
• 작은 정삼각형 9개짜리: 2개
⇨ $12+6+2=$**20(개)**

10 삼각형 ㄱㄴㄹ은 이등변삼각형이므로
(각 ㄱㄴㄹ의 크기)=(각 ㄴㄱㄹ의 크기)=$78°$,
(각 ㄱㄹㄴ의 크기)=$180°-78°-78°=24°$입니다.
삼각형 ㅁㄷㄹ은 정삼각형이므로
(각 ㅁㄷㄹ의 크기)=$60°$입니다.
삼각형 ㄷㄹㅂ에서
(각 ㄷㄹㅂ의 크기)=$180°-60°-24°=96°$,
(각 ㄱㅂㄷ)=$180°-96°=84°$입니다.

다른 풀이

삼각형 ㄱㄴㄹ은 이등변삼각형이므로
(각 ㄱㄴㄹ의크기)=(각 ㄴㄱㄹ의크기)=$78°$입니다.
삼각형 ㅁㄷㄹ은 정삼각형이므로
(각 ㅁㄷㄹ의 크기)=$60°$,
(각 ㄴㄷㅂ의 크기)=$120°$입니다.
사각형 ㄱㄴㄷㅂ에서
(각 ㄱㅂㄷ의 크기)=$360°-78°-78°-120°$
$=84°$입니다.

11 큰 정삼각형의 한가운데에 점을 찍었으므로 작은 정삼각형의 한 변의 길이는 큰 정삼각형의 한 변의 길이의 반입니다.

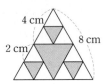

(두 번째로 큰 정삼각형 한 변의 길이)
$=8÷2=4$ (cm)
(가장 작은 정삼각형의 한 변의 길이)
$=4÷2=2$ (cm)
(두 번째로 큰 정삼각형의 세 변의 길이의 합)
$=4×3=12$ (cm)
(가장 작은 정삼각형의 세 변의 길이의 합)
$=2×3=6$ (cm)
⇨ (색칠한 부분의 모든 변의 길이의 합)
$=6+6+6+12=$**30 (cm)**

12 해법 순서

① 각 ㅂㄴㄹ의 크기를 구합니다.
② 각 ㅁㅂㄹ의 크기를 구합니다.
③ ①, ②에서 구한 두 각의 차를 구합니다.

정삼각형의 한 각의 크기는 $60°$이고 정사각형의 한 각의 크기는 $90°$이므로
(각 ㅁㄱㄴ의 크기)=$60°+90°=150°$입니다.
삼각형 ㄱㄴㅁ은 이등변삼각형이므로
(각 ㄱㄴㅁ의 크기)+(각 ㄱㅁㄴ의 크기)+$150°$
$=180°$, (각 ㄱㄴㅁ의 크기)=$15°$입니다.
삼각형 ㄱㄴㄹ은 이등변삼각형이므로
(각 ㄱㄴㄹ의 크기)+(각 ㄱㄹㄴ의 크기)+$90°$
$=180°$, (각 ㄱㄴㄹ의 크기)=$45°$이므로
(각 ㅂㄴㄹ의 크기)=$45°-15°=30°$입니다.
(각 ㄴㅂㄹ의 크기)=$180°-30°-45°=105°$,
(각 ㅁㅂㄹ의 크기)=$180°-105°=75°$
⇨ (각 ㅁㅂㄹ의 크기)−(각 ㅂㄴㄹ의 크기)
$=75°-30°=$**45°**

13

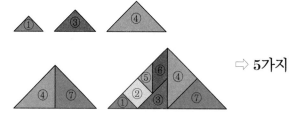

⇨ **5가지**

14 원의 반지름이 $20 \div 2 = 10$ (cm)
이므로 원의 반지름을 정삼각형
의 한 변으로 하는 정삼각형 모양
으로 자릅니다.
정삼각형의 한 각의 크기는 $60°$이고 원의 중심을
한 바퀴 돌면 $360°$이므로 정삼각형 모양은
$360° \div 60° = 6$(개)까지 자를 수 있습니다.

실력 평가   57 ~ 59쪽

01 나, 라, 아   **02** 가, 나, 라, 마, 아
03 바, 사   **04** 8, 8
05 다, 라, 사   **06** ㉢
07 예

08 예 두 변의 길이가 같으므로 이등변삼각형이고,
이등변삼각형은 두 각의 크기가 같습니다.
$70° + □° + □° = 180°$, $□° + □° = 110°$,
$□° = 55°$입니다.
따라서 □ 안에 알맞은 수는 55입니다. ; 55

09 ㉠, ㉡, ㉢   **10** 8, 11

11 예 (각 ㄱㄷㄴ의 크기)$= 180° - 130° = 50°$
이등변삼각형이므로
(각 ㄱㄴㄷ의 크기)$=$(각 ㄱㄷㄴ의 크기)$= 50°$
이고, 삼각형 ㄱㄴㄷ에서
(각 ㄴㄱㄷ의 크기)$= 180° - 50° - 50° = 80°$입
니다. ; $80°$

12 4   **13** ㉢
14 8개   **15** 5 cm
16 $30°$

17 예 정삼각형을 만들 때 사용한 끈의 길이는
$15 \times 3 = 45$ (cm)입니다. 변 ㄱㄴ과 변 ㄱㄷ의
길이의 합은 $45 - 13 = 32$ (cm)이므로
(변 ㄱㄴ의 길이)$= 32 \div 2 = 16$ (cm)입니다.
; 16 cm

18 24 cm   **19** $20°$ **20** $105°$

01 세 변의 길이가 모두 같은 삼각형을 찾습니다.

02 세 각이 모두 예각인 삼각형을 찾습니다.

03 이등변삼각형: 나, 라, 마, 바, 사, 아
⇨ 이 중에서 둔각삼각형은 **바, 사**입니다.

04 삼각김밥은 정삼각형 모양이고 정삼각형은 세 변의
길이가 모두 같습니다. ⇨ $□ = 8$

05

⇨ **다, 라, 사**

06 둔각삼각형은 한 각이 둔각이므로 세 각 중에서 한
각이 둔각인 것을 찾습니다.

07 한 각이 직각인 삼각형, 세 각이 모두 예각인 삼각
형, 한 각이 둔각인 삼각형을 1개씩 그립니다.

08 서술형 가이드 두 변의 길이가 같으므로 이등변삼각형
임을 알고 이등변삼각형의 성질을 이용하는 내용이
풀이 과정에 들어 있어야 합니다.

채점 기준

상	이등변삼각형의 성질을 이용하여 답을 바르게 구함.
중	이등변삼각형의 성질을 이용하였으나 답이 틀림.
하	이등변삼각형임을 알지 못하여 답을 구하지 못함.

09 (나머지 한 각의 크기)$= 180° - 60° - 60° = 60°$
세 각의 크기가 $60°$로 모두 같으므로 ㉠ 정삼각형
이고, 두 각의 크기가 같으므로 ㉡ 이등변삼각형이
고, 세 각이 모두 예각이므로 ㉢ 예각삼각형입니다.

10 이등변삼각형은 두 변의 길이가 같아야 하므로
□ 안에 들어갈 수 있는 수는 **8, 11**입니다.

11 서술형 가이드 두 변의 길이가 같으므로 이등변삼각형
임을 알고 이등변삼각형의 성질을 이용하는 내용이
풀이 과정에 들어 있어야 합니다.

채점 기준

상	이등변삼각형의 성질을 이용하여 답을 바르게 구함.
중	이등변삼각형의 성질을 이용하였으나 답이 틀림.
하	이등변삼각형임을 알지 못하여 답을 구하지 못함.

꼼꼼 풀이집

12
- 둔각삼각형: 둔각 1개, 예각 2개
- 직각삼각형: 직각 1개, 예각 2개

⇨ ㉠=2+2=**4**

13
㉠ $180°-40°-20°=120°$ → 둔각삼각형
㉡ $180°-50°-80°=50°$
    → 이등변삼각형, 예각삼각형
㉢ $180°-30°-30°=120°$
    → 이등변삼각형, 둔각삼각형
㉣ $180°-45°-45°=90°$
    → 이등변삼각형, 직각삼각형

14
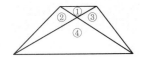

①, ②, ③, ④, ①+②,
①+③, ②+④, ③+④
⇨ **8개**

15
 ⇨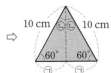

㉡$=180°-90°-60°=30°$
접은 종이를 펼치면 세 각의 크기가 모두 60°이므로 정삼각형이 만들어집니다.
⇨ ㉠은 정삼각형의 한 변의 길이의 반이므로
    $10÷2=$**5 (cm)**입니다.

16

- 정삼각형의 한 각의 크기는 60°이므로
    ㉡$=180°-60°=120°$입니다.
- 이등변삼각형의 두 각의 크기는 같으므로
    ㉡$+$㉠$+$㉠$=180°$, ㉠$+$㉠$=60°$,
    ㉠$=$**30°**입니다.

17 **서술형 가이드** 정삼각형의 세 변의 길이의 합과 이등변삼각형의 세 변의 길이의 합이 같음을 이용하는 내용이 풀이 과정에 들어 있어야 합니다.

채점 기준	
상	정삼각형의 세 변의 길이의 합을 이용하여 변 ㄱㄴ의 길이를 바르게 구함.
중	정삼각형의 세 변의 길이의 합을 구하였으나 변 ㄱㄴ의 길이를 구하는 계산이 틀림.
하	정삼각형의 세 변의 길이의 합을 구하지 못하여 문제를 해결하지 못함.

18 **해법 순서**
① 변 ㄹㅁ과 변 ㄴㄷ의 길이를 구합니다.
② 변 ㄹㄴ과 변 ㅁㄷ의 길이를 구합니다.
③ 사각형 ㄹㄴㄷㅁ의 네 변의 길이의 합을 구합니다.

(삼각형 ㄱㄴㄷ의 한 변의 길이)
$=3×3=9$ (cm)
(변 ㄴㄷ의 길이)$=9$ cm
(변 ㄹㄴ의 길이)$=$(변 ㅁㄷ의 길이)
         $=9-3=6$ (cm),
⇨ (사각형 ㄴㄷㅁㄹ의 네 변의 길이의 합)
    $=3+6+9+6=$**24 (cm)**

19 **해법 순서**
① ㉡의 각도를 구합니다.
② ㉣의 각도를 구합니다.
③ ㉠의 각도를 구합니다.

종이를 접은 것이므로
㉡$=$㉢, ㉣$=$㉤입니다.
$100°+$㉡$+$㉢$=180°$,
㉡$+$㉢$=80°$, ㉡$=$㉢$=40°$,
정삼각형의 한 각의 크기는 60°이므로
$60°+$㉡$+$㉣$=180°$, $60°+40°+$㉣$=180°$,
㉣$=80°$
⇨ ㉠$+$㉣$+$㉤$=180°$, ㉠$+80°+80°=180°$,
    ㉠$=$**20°**

20 **해법 순서**
① 이등변삼각형의 성질을 이용하여 ㉠, ㉣의 각도를 구합니다.
② ㉃의 각도를 구합니다.
③ 각 ㄷㄹㅁ과 각 ㄷㅁㄹ의 크기의 합을 구합니다.

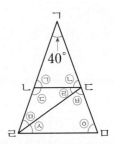

- 삼각형 ㄱㄴㄷ은 이등변삼각형이므로
    $40°+$㉠$+$㉡$=180°$, ㉠$=70°$,
    ㉢$=180°-70°=110°$입니다.
- 삼각형 ㄴㄹㄷ은 이등변삼각형이므로
    ㉣$+$㉤$+110°=180°$,
    ㉣$=35°$, ㉃$=180°-70°-35°=75°$입니다.
⇨ 삼각형 ㄷㄹㅁ에서
    ㉥$+$㉦$=180°-75°=$**105°**입니다.

3. 소수의 덧셈과 뺄셈

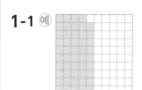

STEP 1 기본 유형 익히기   66 ～ 69쪽

1-1 예

1-2 0.724, 영 점 칠이사

1-3 4, 0.04

1-4 ㄹ   **1-5** 5.872

1-6 89   **1-7** 6개

2-1 >   **2-2** 삼층석탑

2-3 2.75, 2.89, 3   **2-4** ㄱ

3-1 0.07   **3-2** 하늘

3-3 예 ㄱ은 일의 자리 숫자이므로 8을 나타내고, ㄴ 은 소수 둘째 자리 숫자이므로 0.08을 나타냅 니다. 따라서 8은 0.08의 100배입니다. ; 100배

3-4 ②, ⑤

4-1 ⑴ 4.7   ⑵ 1.44

4-2 7.61   **4-3** · ·
                              · ·

4-4   0. 6 5
        + 0. 2
        ————————
           0. 8 5

예 소수점끼리 맞추어 쓰지 않았습니다.

4-5 0.15 kg

4-6 (위에서부터) 6, 4, 8

5-1 ⑴ 3.3   ⑵ 4.45   **5-2** 0.75

5-3 (위에서부터) 3.07, 1.79, 1.51, 0.23

5-4 ㄴ, ㄱ, ㄹ, ㄷ

5-5 0.63−0.27=0.36 ; 0.36 kg

5-6 2.6 L   **5-7** 0.28

1-1 모눈 한 칸이 0.01을 나타내고, 0.49는 0.01이 49개 이므로 모눈 49칸을 색칠해야 합니다.

1-3 6.843
        └ 소수 둘째 자리 숫자, **0.04**

1-4 생각 열기 각각의 소수에서 9가 나타내는 수를 알아봅 니다.

ㄱ 9   ㄴ 0.09   ㄷ 0.9   ㄹ 0.009

⇨ 9가 0.009를 나타내는 것은 ㄹ입니다.

1-5 1이 5개 → 5, $\frac{1}{10}$(=0.1)이 8개 → 0.8,

$\frac{1}{100}$(=0.01)이 7개 → 0.07,

$\frac{1}{1000}$(=0.001)이 2개 → 0.002

⇨ 5+0.8+0.07+0.002=**5.872**

1-6 • 0.28은 0.01이 28개인 수입니다. → ㄱ=28
     • 0.61은 0.01이 61개인 수입니다. → ㄴ=61
     ⇨ ㄱ+ㄴ=28+61=**89**

1-7 생각 열기 4장의 카드를 모두 사용하여 만들 수 있는 소수 두 자리 수의 모양은 □.□□입니다.

1.47, 1.74, 4.17, 4.71, 7.14, 7.41 ⇨ **6개**

2-1 2.457 > 2.398
         └ 4>3 ┘

참고

• 소수의 크기 비교 방법
⑴ 자연수 부분이 큰 쪽이 더 큰 수입니다.
⑵ 자연수 부분이 같을 때에는 소수 첫째 자리, 소수 둘 째 자리, 소수 셋째 자리 수를 차례로 비교합니다.

2-2 10.29 < 10.75
          └ 2<7 ┘

⇨ **삼층석탑**이 더 높습니다.

2-3 2.06 < 5.549 < 2.6 < 2.75 < 2.89 < 3 < 3.2 < 3.24
     ⇨ 2.6보다 크고 3.2보다 작은 수는 **2.75, 2.89, 3** 입니다.

2-4 해법 순서

① 각각이 나타내는 소수를 알아봅니다.
② 소수의 크기를 비교하여 가장 큰 수를 나타내는 것 을 찾습니다.

ㄱ 73.1

ㄴ 0.001이 734개인 수 → 0.734

ㄷ $\frac{1}{100}$이 736개인 수 → 7.36

⇨ ㄱ 73.1 > ㄷ 7.36 > ㄴ 0.734

3-1 소수의 $\frac{1}{10}$, $\frac{1}{100}$을 하면 소수점을 기준으로 수가 오른쪽으로 한 자리, 두 자리 이동합니다.

3-2 생각 열기 각각 나타내는 소수를 알아본 다음 잘못 말 한 사람을 찾습니다.

• 하늘: 0.806의 100배는 소수점을 기준으로 수가 왼쪽으로 두 자리 이동한 80.6입니다.

3-3 서술형 가이드 ㉠과 ㉡이 나타내는 수를 쓰고 소수 사이의 관계를 이용한 내용이 풀이 과정에 들어 있어야 합니다.

채점 기준

상	㉠, ㉡이 나타내는 수를 알고, ㉠이 ㉡의 몇 배인지 바르게 구함.
중	㉠, ㉡이 나타내는 수를 알고 있으나 ㉠이 ㉡의 몇 배인지 바르게 구하지 못함.
하	㉠, ㉡이 나타내는 수를 알지 못함.

3-4 생각 열기 소수를 10배, 100배 하면 소수점을 기준으로 수가 왼쪽으로 한 자리, 두 자리 이동합니다.

소수의 $\frac{1}{10}$, $\frac{1}{100}$ 을 하면 소수점을 기준으로 수가 오른쪽으로 한 자리, 두 자리 이동합니다.

① 0.28의 1000배 → 280

② 0.028의 100배 → 2.8

③ 28의 $\frac{1}{100}$ → 0.28

④ 280의 $\frac{1}{10}$ → 28

⑤ 0.28의 10배 → 2.8

4-1 소수점끼리 맞추어 쓴 다음 같은 자리 수끼리 더합니다.

(1)
$$\begin{array}{r} 1.2 \\ +\ 3.5 \\ \hline 4.7 \end{array}$$

(2)
$$\begin{array}{r} {}^{1}\ {}^{1} \\ 0.6\,5 \\ +\ 0.7\,9 \\ \hline 1.4\,4 \end{array}$$

4-2 소수점끼리 맞추어 쓴 다음 같은 자리 수끼리 더합니다.

$$\begin{array}{r} {}^{1}\ {}^{1} \\ 2.7\,5 \\ +\ 4.8\,6 \\ \hline 7.6\,1 \end{array}$$

4-3
- 0.3+0.9=1.2
- 0.6+0.9=1.5
- 0.8+0.7=1.5
- 0.7+0.5=1.2

4-4 서술형 가이드 바르게 계산하고 이유에 소수점의 자리를 맞추어 쓰지 않았다는 내용이 들어 있어야 합니다.

채점 기준

상	바르게 계산하고 이유를 바르게 씀.
중	바르게 계산하였지만 이유를 쓰지 못함.
하	바르게 계산하지 못하고 이유도 쓰지 못함.

4-5 생각 열기 숟가락의 무게는 분동 두 개의 무게의 합과 같습니다.

(숟가락의 무게)=0.12+0.03
$$=\mathbf{0.15}\ (\mathbf{kg})$$

4-6 생각 열기 소수 둘째 자리부터 차례로 계산하여 □ 안에 알맞은 수를 구해 봅니다.

$$\begin{array}{r} 5\,.\,㉠\ 3 \\ +\ 2\,.\,8\ ㉡ \\ \hline ㉢\,.\,4\ 7 \end{array}$$

- 3+㉡=7, ㉡=**4**
- ㉠+8=14, ㉠=**6**
- 1+5+2=㉢, ㉢=**8**

5-1 소수점끼리 맞추어 쓴 다음 같은 자리 수끼리 뺍니다.

(1)
$$\begin{array}{r} 5.7 \\ -\ 2.4 \\ \hline 3.3 \end{array}$$

(2)
$$\begin{array}{r} {}^{7}\ {}^{9}\ {}^{10} \\ 8.0\,1 \\ -\ 3.5\,6 \\ \hline 4.4\,5 \end{array}$$

5-2
$$\begin{array}{r} {}^{0}\ {}^{16}\ {}^{10} \\ 1.7 \\ -\ 0.9\,5 \\ \hline 0.7\,5 \end{array}$$

5-3
- 8.25−5.18=**3.07**
- 6.74−4.95=**1.79**
- 8.25−6.74=**1.51**
- 5.18−4.95=**0.23**

5-4
- ㉠ 0.7−0.2=0.5
- ㉡ 0.9−0.3=0.6
- ㉢ 0.6−0.4=0.2
- ㉣ 0.8−0.5=0.3

⇨ ㉡ 0.6>㉠ 0.5>㉣ 0.3>㉢ 0.2

5-5 (바구니만의 무게)
=(사과가 들어 있는 바구니의 무게)
　　−(사과의 무게)

5-6 생각 열기 물을 마셔서 물의 양이 줄어들었으므로 뺄셈으로 계산합니다.

(남은 물의 양)=3−0.4
$$=\mathbf{2.6}\ (\mathbf{L})$$

5-7 생각 열기 덧셈과 뺄셈의 관계를 이용하여 □ 안에 알맞은 수를 구합니다.

□+0.37=0.65, 0.65−0.37=□,
□=**0.28**

STEP 2 응용 유형 익히기   [70 ~ 77쪽]

응용 **1** 0.85

예제 **1-1** 0.363   예제 **1-2** 0.034 km

응용 **2** 8.713

예제 **2-1** 2.594   예제 **2-2** 5.69

응용 **3** 5

예제 **3-1** 6   예제 **3-2** 4, 5, 6, 7

응용 **4** 0.413

예제 **4-1** 0.395   예제 **4-2** 27.6

예제 **4-3** 100배

응용 **5** 3.683

예제 **5-1** 1.651   예제 **5-2** 2.36

응용 **6** 12.338

예제 **6-1** 6.41   예제 **6-2** 5.085

응용 **7** 8.811 m

예제 **7-1** 5.961 m   예제 **7-2** 0.18 m

응용 **8** 5.56 m

예제 **8-1** 8.75 m   예제 **8-2** 1.04 km

응용 **1**

(1) $\frac{8}{10}=0.8$, $\frac{9}{10}=0.9$

(2) 0.1을 똑같이 10칸으로 나누었으므로 작은 눈금 한 칸은 0.01을 나타냅니다.

(3) 0.8에서 0.01씩 오른쪽으로 5칸 가면 **0.85**입니다.

예제 **1-1** 해법 순서

① 눈금 한 칸의 크기를 구합니다.

② $\frac{36}{100}$에서 눈금 몇 칸만큼 이동하였는지 알아봅니다.

③ □ 안에 알맞은 수를 구합니다.

$\frac{36}{100}=0.36$, $\frac{37}{100}=0.37$이므로 $\frac{36}{100}$과 $\frac{37}{100}$ 사이는 0.01입니다.

0.01을 10칸으로 나누었으므로 수직선에서 작은 눈금 한 칸은 0.001을 나타냅니다.

⇨ 0.36에서 0.001씩 오른쪽으로 3칸 가면 **0.363**입니다.

예제 **1-2** 생각 열기 첫 번째 가로수와 두 번째 가로수 사이의 간격은 1군데, 첫 번째 가로수와 세 번째 가로수 사이의 간격은 2군데이므로 첫 번째 가로수와 35번째 가로수 사이의 간격은 34군데입니다.

해법 순서

① 첫 번째 가로수와 101번째 가로수 사이의 간격 수를 구합니다.

② 가로수와 가로수 사이의 간격은 몇 km인지 구합니다.

③ 첫 번째 가로수와 35번째 가로수 사이의 거리는 몇 km인지 구합니다.

첫 번째 가로수와 101번째 가로수 사이의 간격 수는 모두 101−1＝100(군데)입니다.

0.1을 똑같이 100칸으로 나누면 한 칸은 0.001이므로 가로수와 가로수 사이의 거리는 0.001 km입니다.

⇨ 첫 번째 가로수부터 35번째 가로수까지의 거리는 0.001씩 35−1＝34(개)이므로 **0.034 km**입니다.

주의

첫 번째 가로수부터 35번째 가로수까지의 거리를 0.001씩 35개로 생각하지 않도록 주의합니다.

응용 **2**

(1) 소수 둘째 자리 숫자가 1인 소수 세 자리 수의 모양은 □.□1□입니다.

(2) 1을 제외한 수의 크기를 비교하면 8＞7＞3이므로 □.□1□의 일의 자리부터 큰 수를 써넣으면 **8.713**입니다.

예제 **2-1** 생각 열기 5장의 카드를 모두 사용하여 만들 수 있는 소수 세 자리 수의 모양은 □.□□□입니다.

소수 셋째 자리 숫자가 4이어야 하므로 만들 수 있는 소수 세 자리 모양은 □.□□4입니다. 4를 제외한 수의 크기를 비교하면 2＜5＜9이므로 □.□□4의 일의 자리부터 작은 수를 써넣으면 **2.594**입니다.

예제 **2-2** 해법 순서

① 카드로 만들 수 있는 가장 작은 세 자리 수를 구합니다.

② 카드로 만들 수 있는 둘째로 작은 소수 세 자리 수를 구합니다.

③ ①, ②에서 구한 두 수 사이에 있는 소수 두 자리 수를 구합니다.

• 가장 작은 수: 5.689

• 둘째로 작은 수: 5.698

⇨ 5.689보다 크고 5.698보다 작은 소수 두 자리 수는 **5.69**입니다.

꼼꼼 풀이집

응용 3
(1) 두 수의 소수 첫째 자리까지의 수는 각각 같고, 6>□이므로 □ 안에는 6보다 작은 수가 들어갈 수 있습니다.
   ⇨ 0, 1, 2, 3, 4, 5
(2) □ 안에 들어갈 수 있는 수 중에서 가장 큰 수는 **5**입니다.

예제 3-1 【생각 열기】 두 수의 소수 첫째 자리까지의 수는 같으므로 【비법 ②】를 이용하여 소수 둘째 자리 수를 비교해 봅니다.

두 수의 소수 첫째 자리까지의 수는 각각 같고, 소수 셋째 자리 수는 8>5이므로 □ 안에는 6이나 6보다 큰 수인 6, 7, 8, 9가 들어갈 수 있습니다.
⇨ 6, 7, 8, 9 중 가장 작은 수는 **6**입니다.

예제 3-2 【해법 순서】
① 5.146<5.1□7에서 □ 안에 들어갈 수 있는 수를 구합니다.
② 5.1□7<5.18에서 □ 안에 들어갈 수 있는 수를 구합니다.
③ ①, ②에서 구한 수들 중에서 공통인 수를 찾습니다.

• 5.146<5.1□7: 두 수의 소수 첫째 자리까지의 수는 각각 같고, 소수 셋째 자리 수는 6<7이므로 □ 안에 들어갈 수 있는 수는 4, 5, 6, 7, 8, 9입니다.
• 5.1□7<5.18: 5.18=5.180이므로 5.1□7<5.180에서 소수 첫째 자리까지의 수는 각각 같고, 소수 셋째 자리 수는 7>0이므로 □ 안에 들어갈 수 있는 수는 0, 1, 2……7입니다.
⇨ □ 안에 들어갈 수 있는 수는 **4, 5, 6, 7**입니다.

응용 4
(1) 【비법 ④】에서 어떤 수의 100배가 413이므로 어떤 수는 413의 $\frac{1}{100}$인 4.13입니다.
(2) 어떤 수는 4.13이고 어떤 수의 $\frac{1}{10}$은 소수점을 기준으로 수가 오른쪽으로 한 자리 옮겨진 **0.413**입니다.

예제 4-1 【생각 열기】 【비법 ④】를 이용하여 문제를 해결해 봅니다.

【비법 ④】에서 어떤 수의 10배가 39.5이므로 어떤 수는 39.5의 $\frac{1}{10}$인 3.95입니다.
⇨ 3.95의 $\frac{1}{10}$은 **0.395**입니다.

【다른 풀이】
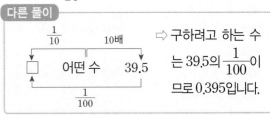
⇨ 구하려고 하는 수는 39.5의 $\frac{1}{100}$이므로 0.395입니다.

예제 4-2 【비법 ④】에서 어떤 수의 $\frac{1}{10}$이 0.276이므로 어떤 수는 0.276의 10배인 2.76입니다.
⇨ 2.76의 10배는 **27.6**입니다.

【다른 풀이】
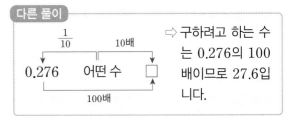
⇨ 구하려고 하는 수는 0.276의 100배이므로 27.6입니다.

예제 4-3 【해법 순서】
① 정아와 경수가 사용한 실의 길이를 각각 구합니다.
② ①에서 구한 두 수 사이의 관계를 알아봅니다.

• 정아: 580의 $\frac{1}{10}$은 58
• 경수: 58의 $\frac{1}{100}$은 0.58

⇨ 58은 0.58의 **100배**입니다.

응용 5
(1) 2.4+0.59=2.99
(2) 0.62+0.073=0.693
(3) 2.99+0.693=**3.683**

예제 5-1 ㉮ 5+1.7+0.064=6.764
㉯ 8+0.39+0.025=8.415
⇨ 8.415-6.764=**1.651**

예제 5-2 【해법 순서】
① 세 사람이 나타내는 소수를 각각 구합니다.
② ①에서 구한 소수의 크기를 비교합니다.
③ 가장 큰 수와 가장 작은 수의 합을 구합니다.

• 민우: 0.7+0.59=1.29
• 유미: 0.8+0.35=1.15
• 재운: 0.6+0.47=1.07
⇨ 1.29>1.15>1.07이므로
   1.29+1.07=**2.36**입니다.

응용 6 (1) □−2.65=7.038
(2) 7.038+2.65=□, □=9.688
(3) 9.688+2.65=**12.338**

예제 6-1 생각 열기 잘못 구한 식을 세워서 어떤 수를 구한 다음 바르게 계산한 값을 구합니다.

어떤 수를 □라 하면 □+1.8=10.01,
10.01−1.8=□, □=8.21입니다.
⇨ 바르게 계산하면 8.21−1.8=**6.41**입니다.

예제 6-2 해법 순서
① ■가 나타내는 수를 구합니다.
② ▲가 나타내는 수를 구합니다.

• ■−4.67=3.49,
3.49+4.67=■, ■=8.16
• ■+▲=13.245, 8.16+▲=13.245,
13.245−8.16=▲, ▲=**5.085**

응용 7

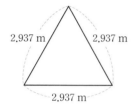

(1) 정삼각형은 세 변의 길이가 같습니다.
(2) 나머지 두 변의 길이는 각각 2.937 m입니다.
(3) 세 변의 길이의 합은
2.937+2.937+2.937=**8.811 (m)**입니다.

예제 7-1 생각 열기 정삼각형은 세 변의 길이가 같습니다.

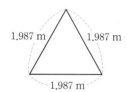

나머지 두 변의 길이는 각각 1.987 m입니다.
따라서 세 변의 길이의 합은
1.987+1.987+1.987=**5.961 (m)**입니다.

예제 7-2 해법 순서
① 정삼각형의 나머지 두 변의 길이를 알아봅니다.
② ㉮를 구합니다.
③ 이등변삼각형의 나머지 한 변의 길이를 알아봅니다.
④ ㉯를 구합니다.
⑤ ㉮와 ㉯의 차를 구합니다.

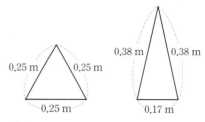

정삼각형은 세 변의 길이가 같으므로
㉮는 0.25+0.25+0.25=0.75 (m)이고,
이등변삼각형은 두 변의 길이가 같으므로
㉯는 0.38+0.38+0.17=0.93 (m)입니다.
⇨ ㉮와 ㉯의 차는 0.93−0.75=**0.18 (m)**입니다.

응용 8 (1) (색 테이프 3장의 길이의 합)
=2.18+2.18+2.18
=6.54 (m)
(2) (겹치는 부분의 길이의 합)
=0.49+0.49=0.98 (m)
(3) (이어 붙인 색 테이프의 전체 길이)
=6.54−0.98=**5.56 (m)**

예제 8-1 생각 열기 색 테이프 3장을 이어 붙이면 겹치는 곳은 2군데입니다.

(색 테이프 3장의 길이의 합)
=3.45+3.45+3.45=10.35 (m)
(겹치는 부분의 길이의 합)
=0.8+0.8=1.6 (m)
⇨ (이어 붙인 색 테이프의 전체 길이)
=10.35−1.6=**8.75 (m)**

예제 8-2 해법 순서
① ㉯에서 ㉰까지 거리를 구합니다.
② ㉰에서 ㉱까지 거리를 구합니다.
③ ㉯에서 ㉰까지 거리와 ㉰에서 ㉱까지의 거리의 차를 구합니다.

1987 m=1.987 km
(㉯～㉰)=(㉮～㉰)+(㉯～㉱)−(㉮～㉱)
=1.987+2.18−3.597=0.57 (km)
(㉰～㉱)=2.18−0.57=1.61 (km)
⇨ (㉰～㉱)−(㉯～㉰)=1.61−0.57=**1.04 (km)**

참고
㉯에서 ㉰까지의 거리는 ㉮에서 ㉰까지의 거리와 ㉯에서 ㉱까지의 거리의 합에서 ㉮에서 ㉱까지의 거리를 뺀 거리입니다.

꼼꼼 풀이집

01 ㉡　　　　　　**02** 0.05 g
03 0.9 km　　　　**04** 100배
05 3, 4, 5, 6
06 ⑩ 만들 수 있는 가장 큰 소수 두 자리 수는 9.74이
고, 가장 작은 소수 두 자리 수는 0.34입니다.
따라서 두 수의 차는 9.74−0.34=9.4입니다.
; 9.4
07 8.6 cm
08 ⑩ 어떤 수를 □라 하면 □−3.89=7.45,
7.45+3.89=□, □=11.34입니다.
따라서 어떤 수와 4.27의 합은
11.34+4.27=15.61입니다. ; 15.61
09 8.77 km　　　　**10** 13.65 kg
11 8, 2, 1
12 ⑩ 12.423 < 12.㉠㉡㉢ < 12.6
• ㉠에 4가 들어갈 때 조건을 만족하는 소수 세
자리 수는 12.4㉡6이고 ㉡에 알맞은 수는 2
부터 9까지 수로 8개입니다.
• ㉠에 5가 들어갈 때 조건을 만족하는 소수 세
자리 수는 12.5㉡5이고 ㉡에 알맞은 수는 0
부터 9까지 수로 모두 10개입니다.
따라서 모두 8+10=18(개)입니다.; 18개
13 가 선수
14 ⑩

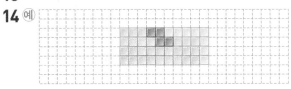

/ ⑩ 12 cm, 4.8 cm

---

01 생각 열기 소수 끝자리의 숫자 0은 생략할 수 있습니다.

㉠ 20.3의 $\frac{1}{10}$ ⇨ 2.03

㉡ 1020의 $\frac{1}{1000}$ ⇨ 1.02 ⇨ 1.02

㉢ 1.05의 10배 ⇨ 10.5

㉣ 3.707의 100배 ⇨ 370.7

02 1 mL는 100 mL의 $\frac{1}{100}$ 입니다.

100 mL에 들어 있는 탄수화물은 5 g이고 5의 $\frac{1}{100}$

은 0.05이므로 음료수 1 mL에 들어 있는 탄수화물
은 **0.05 g**입니다.

03 (죽변~울릉도~독도)
=130.3+87.4=217.7 (km)
⇨ 217.7−216.8=**0.9 (km)**

04 해법 순서
① 경식이가 말하는 수의 소수 첫째 자리 숫자가 나타
내는 수를 구합니다.
② 다빈이가 말하는 수의 소수 셋째 자리 숫자가 나타
내는 수를 구합니다.
③ ①, ②에서 구한 두 수 사이의 관계를 구합니다.
• 경식이가 말하는 수
: 0.1이 25개, 0.01이 37개인 수는 2.87이므로
소수 첫째 자리 숫자가 나타내는 수는 0.8입
니다.
• 다빈이가 말하는 수
: 0.01이 93개, 0.001이 18개인 수는 0.948이므
로 소수 셋째 자리 숫자가 나타내는 수는 0.008
입니다.
⇨ 0.8은 0.008의 **100배**입니다.

05 생각 열기 $4\frac{125}{1000}$ 를 소수로 나타낸 다음 크기를 비교
합니다.

$4\frac{125}{1000}=4.125$, 4.125 < 4.1□ < 4.162에서 자연

수와 소수 첫째 자리까지 수가 같고 소수 셋째 자리
수를 비교합니다.
⇨ □ 안에 들어갈 수 있는 수는 **3, 4, 5, 6**입니다.

06 서술형 가이드 가장 큰 소수 두 자리 수와 가장 작은 소
수 두 자리 수를 만든 다음 두 수의 차를 구하는 내용이
풀이 과정에 들어 있어야 합니다.

	채점 기준
상	가장 큰 소수 두 자리 수와 가장 작은 소수 두 자리 수를 만들고 답을 바르게 구함.
중	가장 큰 소수 두 자리 수와 가장 작은 소수 두 자리 수를 만들었으나 계산이 틀림.
하	가장 큰 소수 두 자리 수와 가장 작은 소수 두 자리 수를 바르게 만들지 못함.

07 해법 순서
① 오만 원짜리 지폐의 가로를 구합니다.
② 오만 원짜리 지폐의 가로와 세로의 차를 구합니다.
(오만 원짜리 지폐의 가로)
=13.6+0.6+0.6+0.6=15.4 (cm)
⇨ 15.4−6.8=**8.6 (cm)**

08 서술형 가이드 어떤 수를 구한 다음 어떤 수와 4.27의 합을 계산하는 내용이 풀이 과정에 들어 있어야 합니다.

채점 기준

상	어떤 수를 구한 다음 4.27과의 합을 바르게 구함.
중	어떤 수를 구하였으나 4.27과의 합을 바르게 구하지 못함.
하	어떤 수를 바르게 구하지 못함.

09 (가~라)=(가~다)+(나~라)−(나~다)
$$=4.7+6.94-2.87$$
$$=11.64-2.87$$
$$=\textbf{8.77 (km)}$$

10 • 3750 g=3.75 kg
(고구마 3관의 무게)=3.75+3.75+3.75
$$=11.25 \text{ (kg)}$$
• 600 g=0.6 kg
(쇠고기 4근의 무게)=0.6+0.6+0.6+0.6
$$=2.4 \text{ (kg)}$$
⇨ 11.25+2.4=**13.65 (kg)**

11 • 소수 둘째 자리: 8−3=■, ■=5
• 소수 첫째 자리: 10+▲−7=7, ▲=4
• 일의 자리: 5−1−●=●, ●=2

$$\begin{array}{r} {\scriptstyle 1\ \ 1}\\ 5\,.\,4\ \ 8\\ +\ 2\,.\,7\ \ 3\\ \hline 8\,.\,2\ \ 1 \end{array}$$

12 서술형 가이드 조건에 맞는 수를 찾는 내용이 풀이 과정에 들어 있어야 합니다.

채점 기준

상	조건에 맞는 수를 구하고 모두 몇 개인지 바르게 구함.
중	조건에 맞는 수를 구하였으나 답이 틀림.
하	조건에 맞는 수를 구하지 못함.

13 가장 높은 점수와 가장 낮은 점수를 뺀 나머지 점수의 합을 구합니다.
• 가 선수: 17.5+18.5+18=54
• 나 선수: 18+17.5+17.5=53
• 다 선수: 18+18+17.5=53.5
⇨ 54>53.5>53이므로 자세 점수가 가장 높은 선수는 **가 선수**입니다.

14 • 직사각형의 가로: 한 변의 길이가 1.2 cm인 작은 정사각형 10개이므로 길이는 **12 cm**입니다.
• 직사각형의 세로: 한 변의 길이가 1.2 cm인 작은 정사각형 4개이므로 길이는
$$1.2+1.2+1.2+1.2=\textbf{4.8 (cm)}$$입니다.

다른 풀이

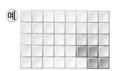

• 직사각형의 가로: 한 변의 길이가 1.2 cm인 작은 정사각형 8개입니다.
$$1.2+1.2+1.2+1.2+1.2+1.2+1.2+1.2$$
$$=9.6 \text{ (cm)}$$
• 직사각형의 세로: 한 변의 길이가 1.2 cm인 작은 정사각형 5개입니다.
$$1.2+1.2+1.2+1.2+1.2=6 \text{ (cm)}$$

실력 평가

01 1.33, 일 점 삼삼   **02** 3, 0.03
03 ③   **04** <
05 2.034
06 예 0.1이 42개, 0.01이 7개, 0.001이 3개인 수는 4.273입니다. 4.273의 소수 둘째 자리 숫자는 7입니다. ; 7
07 ㉣   **08** 4.88 m
09 7, 8, 9   **10** 1.74
11 100배   **12** 3.36 kg
13 1.33초
14 예 어떤 수의 $\frac{1}{100}$이 0.523이므로 어떤 수는 0.523의 100배인 52.3입니다. 따라서 52.3의 10배는 523입니다. ; 523
15 4.181   **16** 9
17 4개
18 (위에서부터) 4, 5, 8, 8
19 예 8>4>2>1이므로 만들 수 있는 가장 큰 소수 한 자리 수는 842.1이고 가장 작은 소수 세 자리 수는 1.248입니다. 따라서 842.1−1.248 =840.852입니다. ; 840.852
20 0.83 kg

01 1.3에서 0.01씩 오른쪽으로 3칸 가면 1.33입니다. **1.33**은 **일 점 삼삼**이라고 읽습니다.

꼼꼼 풀이집

02 22.53
⇨ 소수 둘째 자리 숫자는 **3**이고, **0.03**을 나타냅니다.

03 ① 7   ② 0.7   **③ 0.07**   ④ 0.007   ⑤ 70

04 0.804 **<** 0.82
└─ 0<2 ─┘

05
$$
\begin{array}{r}
\overset{0}{}\overset{10}{} \\
2.\!\not{1}\,2\,8 \\
-\;0.0\,9\,4 \\
\hline
\mathbf{2.0\,3\,4}
\end{array}
$$

06 서술형 가이드 수를 소수로 나타낸 다음 소수 둘째 자리 숫자를 찾는 내용이 풀이 과정에 들어 있어야 합니다.

채점 기준	
상	소수로 나타내고 소수 둘째 자리 숫자를 바르게 찾음.
중	소수로 나타내었지만 소수 둘째 자리 숫자를 잘못 찾음.
하	소수로 바르게 나타내지 못함.

07 생각 열기 1 km=1000 m이므로 1 m=0.001 km입니다.
㉣ 800 m=0.8 km

08 (축구 골대의 가로와 세로의 차)
=7.32−2.44=**4.88 (m)**

09 생각 열기 비법 **2**를 이용하여 소수의 크기 비교합니다.
비법 **2**에서 두 수의 일의 자리 수는 같고 소수 둘째 자리 수가 7<9이므로 □ 안에는 6보다 큰 수가 들어갈 수 있습니다.
⇨ **7, 8, 9**

10 생각 열기 덧셈과 뺄셈의 관계를 이용하여 □ 안에 알맞은 수를 구합니다.
6.52−□=4.78, 6.52−4.78=□, □=**1.74**

11 해법 순서
① ㉠이 나타내는 수를 구합니다.
② ㉡이 나타내는 수를 구합니다.
③ ㉠이 나타내는 수는 ㉡이 나타내는 수의 몇 배인지 구합니다.
㉠=0.2,   ㉡=0.002
⇨ 0.2는 0.002의 **100배**입니다.

12 생각 열기 세 소수의 덧셈은 앞에서부터 차례로 계산합니다.
(멜론 2개를 담은 바구니의 무게)
=0.84+1.26+1.26
=**3.36 (kg)**

13 해법 순서
① 수의 크기를 비교하여 가장 빠른 학생과 가장 느린 학생의 기록을 구합니다.
② ①에서 구한 두 수의 차를 구합니다.
25.4>25.11>24.63>24.07
⇨ 25.4−24.07=**1.33(초)**

14 서술형 가이드 어떤 수를 구한 다음 어떤 수의 10배를 구하는 내용이 풀이 과정에 들어 있어야 합니다.

채점 기준	
상	어떤 수를 구한 다음 어떤 수의 10배를 바르게 구함.
중	어떤 수를 구한 다음 어떤 수의 10배를 바르게 구하지 못함.
하	어떤 수를 바르게 구하지 못함.

다른 풀이
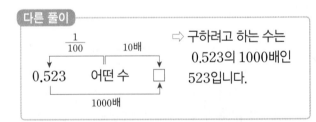
⇨ 구하려고 하는 수는 0.523의 1000배인 523입니다.

15
• 4.1보다 크고 4.2보다 작은 소수 세 자리 수이므로 4.1□□입니다.
• 4.1□□에서 소수 셋째 자리 숫자는 1이므로 4.1□1입니다.
• 4.1□1에서 소수 둘째 자리 숫자는 4×2=8입니다.
⇨ **4.181**

16 해법 순서
① 48.983<48.9□5에서 □ 안에 알맞은 수를 구합니다.
② 48.9□5<4□.318에서 □ 안에 알맞은 수를 구합니다.
③ ①, ②에서 구한 수들의 공통인 수를 구합니다.
• 48.983<48.9□5에서 □=8, 9입니다.
• 48.9□5<4□.318에서 □=9입니다.
⇨ **9**

17 [해법 순서]

① 일의 자리 숫자가 7, 소수 첫째 자리 숫자가 3, 소수 둘째 자리 숫자가 0, 소수 셋째 자리 숫자가 5인 수를 구합니다.

② ①에서 구한 수보다 작고 7.3보다 큰 소수 세 자리 수를 구합니다.

③ ②에서 구한 수는 모두 몇 개인지 구합니다.

일의 자리 숫자가 7, 소수 첫째 자리 숫자가 3, 소수 둘째 자리 숫자가 0, 소수 셋째 자리 숫자가 5인 수 : 7.305

⇨ 7.3보다 크고 7.305보다 작은 소수 세 자리 수
: 7.301, 7.302, 7.303, 7.304 → **4개**

18

$$
\begin{array}{r}
3\ \boxed{ㄹ}.\,1\ 6\ \boxed{ㄱ} \\
-\quad\ 9.\,2\ \boxed{ㄴ}\ 9 \\
\hline
2\ 4.\boxed{ㄷ}\ 7\ 6
\end{array}
$$

• $10+\boxed{ㄱ}-9=6$, $\boxed{ㄱ}=5$
• $10+6-1-\boxed{ㄴ}=7$, $\boxed{ㄴ}=8$
• $10+1-1-2=\boxed{ㄷ}$, $\boxed{ㄷ}=8$
• $10+\boxed{ㄹ}-1-9=4$, $\boxed{ㄹ}=4$

[주의]
받아내림에 주의하여 □ 안에 알맞은 수를 구합니다.

19 [서술형 가이드] 가장 큰 소수 한 자리 수와 가장 작은 소수 세 자리 수를 구하고 그 차를 구하는 내용이 풀이 과정에 들어 있어야 합니다.

[채점 기준]

상	가장 큰 소수 한 자리 수와 가장 작은 소수 세 자리 수를 구하고 그 차를 바르게 구함.
중	가장 큰 소수 한 자리 수와 가장 작은 소수 세 자리 수를 구하였으나 그 차를 구하는 계산이 틀림.
하	가장 큰 소수 한 자리 수와 가장 작은 소수 세 자리 수를 바르게 구하지 못함.

20 [생각 열기] 책 2권을 빼기 전과 책 2권을 뺀 다음 무게의 차는 책 2권의 무게입니다.

[해법 순서]

① 책 2권의 무게를 구합니다.

② 책 3권의 무게를 구합니다.

③ 빈 가방의 무게를 구합니다.

(책 2권의 무게)=2.08-1.58=0.5 (kg)

0.5=0.25+0.25이므로 책 1권의 무게는 0.25 kg입니다.

(책 3권의 무게)=0.25+0.25+0.25=0.75 (kg)

⇨ (빈 가방의 무게)=1.58-0.75=**0.83 (kg)**

---

4. 사각형

STEP 1 기본 유형 익히기   92 ～ 95쪽

1-1 3쌍

1-2 예

1-3

2-1 직선 나와 직선 마

2-2 2개

2-3

2-4 변 ㅅㅂ, 변 ㅁㄹ, 변 ㄴㄷ

3-1 ㉡

3-2 15 cm

3-3 지호

3-4 예 직선 가와 직선 나 사이의 거리를 ㉠ cm라 하면 ㉠+9=17, ㉠=17-9, ㉠=8입니다.
; 8 cm

4-1 가, 다

4-2 예

4-3 가, 나, 마, 바

5-1

5-2 ㉢

5-3 예 평행사변형은 마주 보는 두 변의 길이가 같으므로 변 ㄱㄹ의 길이를 □ cm라 하면
8+□+8+□=26, □+□=10, □=5입니다.
따라서 변 ㄱㄹ의 길이는 5 cm입니다.
; 5 cm

6-1 나, 다

꼼꼼 풀이집 🚂

6-2 (위에서부터) 7, 130

6-3 115°

6-4 ⑩ 마름모에서 이웃한 두 각의 크기의 합은 180°
이므로 ㉠+㉡=180°이고 ㉠=㉡+㉡이므
로 ㉡+㉡+㉡=180°입니다.
따라서 ㉡=60°입니다.
; 60°

7-1 ④

7-2 6 cm

1-1

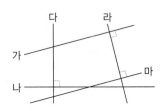

수직인 직선은 직선 가와 직선 마, 직선 나와 직선
라, 직선 다와 직선 마로 **3쌍**입니다.

1-2 ① 주어진 직선 위에 점을 찍고 각도기의 중심을 점
에 맞춥니다.
② 각도기의 밑금을 주어진 직선과 일치하도록 맞
춥니다.
③ 각도기에서 90°가 되는 눈금 위에 점을 찍어 두
점을 직선으로 잇습니다.

1-3 한 점을 지나고 주어진 직선에 수직인 직선은 1개
만 그을 수 있습니다.

> **참고**
>
> 한 직선에 수직인 직선은 셀 수 없이 많이 그을 수
> 있지만 한 점을 지나고 한 직선에 수직인 직선은 1개
> 만 그을 수 있습니다.

2-1 **생각 열기** 서로 만나지 않는 두 직선을 찾습니다.

⇨ **직선 나와 직선 마**

2-2

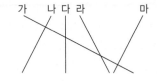

ㄷ과 ㄹ에 평행한 직선이 있습니다.

> **참고**
>
> ㄱ, ㄴ, ㄷ, ㄹ 모두 수직인 선분이 있습니다.

2-3 한 점을 지나고 주어진 직선과 평행한 직선은 1개
만 그을 수 있습니다.

> **참고**
>
> 주어진 직선과 평행한 직선은 셀 수 없이 많이 그을
> 수 있지만 한 점을 지나고 주어진 직선과 평행한 직
> 선은 1개만 그을 수 있습니다.

2-4 변 ㄱㅇ과 만나지 않는 변은 **변 ㅅㅂ, 변 ㅁㄹ,
변 ㄴㄷ**입니다.

3-1 평행선 사이에 그은 수선을 찾으면 ㉡입니다.

3-2 **생각 열기** 평행선 사이의 수직인 선분을 찾습니다.

길이가 16 cm, 8 cm인 변이 평행하므로 평행선
사이의 거리는 **15 cm**입니다.

3-3 **생각 열기** 평행선 사이의 거리는 평행선 사이의 가장
짧은 선분의 길이입니다.

> **해법 순서**
>
> ① 평행한 두 선분을 찾습니다.
> ② 두 선분과 수직인 선분을 찾고 그 길이를 알아봅니다.

지호: 평행선 사이에 그은 선분의 길이는 서로 다를
수 있지만 평행선 사이의 거리는 모두 같습니
다.

3-4 (직선 가와 직선 다 사이의 거리)
=(직선 가와 직선 나 사이의 거리)
+(직선 나와 직선 다 사이의 거리)

서술형 가이드 직선 가와 직선 다 사이의 거리에서 직
선 나와 직선 다 사이의 거리를 빼는 풀이 과정이 들어
있어야 합니다.

> **채점 기준**
>
> | 상 | 직선 나와 직선 다 사이의 거리를 찾은 다음, 답을 바르게 구함. |
> |---|---|
> | 중 | 직선 나와 직선 다 사이의 거리는 찾았지만 직선 가와 직선 다 사이의 거리와의 차를 계산하는 과정에서 실수하여 답이 틀림. |
> | 하 | 직선 나와 직선 다 사이의 거리를 찾지 못하여 답을 구하지 못함. |

4-1 **생각 열기** 평행한 변이 한 쌍이라도 있는 사각형을 사
다리꼴이라고 합니다.

평행한 변이 한 쌍이라도 있는 사각형은 **가, 다**입니
다.

4-2 평행한 변이 한 쌍이라도 있는 사각형을 그립니다.

4-3 생각 열기 직사각형은 마주 보는 두 쌍의 변이 서로 평행합니다.

선을 따라 잘라 낸 도형 중 사각형인 것은 모두 마주 보는 한 쌍의 변이 평행하므로 사다리꼴입니다.

5-1 생각 열기 마주 보는 두 쌍의 변이 서로 평행한 사각형을 평행사변형이라고 합니다.

마주 보는 두 쌍의 변이 서로 평행하게 되는 점을 찾습니다.

5-2 ㉠ 마주 보는 변 ㄱㄴ과 변 ㄹㄷ, 변 ㄱㄹ과 변 ㄴㄷ이 서로 평행하므로 사각형 ㄱㄴㄷㄹ은 평행사변형입니다.

㉡ 평행사변형은 마주 보는 두 변의 길이가 서로 같으므로 (변 ㄱㄴ의 길이)=(변 ㄹㄷ의 길이), (변 ㄱㄹ의 길이)=(변 ㄴㄷ의 길이)입니다.

㉢ 평행사변형은 마주 보는 두 각의 크기가 서로 같으므로 (각 ㄱㄴㄷ의 크기)=(각 ㄱㄹㄷ의 크기), (각 ㄴㄱㄹ의 크기)=(각 ㄴㄷㄹ의 크기)입니다.

따라서 틀린 것은 ㉢입니다.

5-3 서술형 가이드 평행사변형에서 마주 보는 두 변의 길이는 서로 같음을 이용하여 변 ㄱㄹ의 길이를 구하는 풀이 과정이 들어 있어야 합니다.

채점 기준

상	평행사변형의 성질을 이용하여 답을 바르게 구함.
중	평행사변형의 성질은 이용했지만 변 ㄱㄹ의 길이를 구하는 과정에서 실수하여 답이 틀림.
하	평행사변형의 성질을 이용하지 못하여 답을 구하지 못함.

6-1 생각 열기 네 변의 길이가 모두 같은 사각형을 마름모라고 합니다.

네 변의 길이가 모두 같은 사각형은 **나**, **다**입니다.

6-2 • 마름모는 네 변의 길이가 모두 같습니다.
⇨ 변의 길이는 **7 cm**입니다.
• 마주 보는 두 각의 크기가 서로 같습니다.
⇨ 각의 크기는 **130°**입니다.

6-3 생각 열기 마름모에서 이웃한 두 각의 크기의 합은 180°입니다.

$65° + ㉠ = 180°$, $㉠ = 180° - 65°$, $㉠ = $ **115°**

다른 풀이

마름모에서 마주 보는 두 각의 크기는 서로 같고 사각형의 네 각의 크기의 합은 360°임을 이용합니다.

$65° + ㉠ + 65° + ㉠ = 360°$,
$㉠ + ㉠ = 360° - 65° - 65°$,
$㉠ + ㉠ = 230°$, $㉠ = 115°$

6-4 서술형 가이드 마름모에서 이웃한 두 각의 크기의 합은 180°임을 이용하여 ㉡의 크기를 구하는 풀이 과정이 들어 있어야 합니다.

채점 기준

상	마름모의 성질을 이용하여 답을 바르게 구함.
중	마름모의 성질은 이용했지만 ㉡의 크기를 구하는 과정에서 실수하여 답이 틀림.
하	마름모의 성질을 이용하지 못하여 답을 구하지 못함.

7-1 직사각형은 네 각이 모두 직각인 사각형이므로 네 각이 모두 직각인 정사각형을 직사각형이라고 할 수 있습니다.

참고

직사각형은 평행사변형, 사다리꼴이지만 평행사변형, 사다리꼴은 직사각형이 아닙니다.

7-2 해법 순서
① 직사각형의 네 변의 길이의 합을 구합니다.
② 마름모의 네 변의 길이의 합을 구합니다.
③ 마름모의 한 변의 길이를 구합니다.

(직사각형의 네 변의 길이의 합)
$= 8 + 4 + 8 + 4 = 24$ (cm)
직사각형과 마름모의 네 변의 길이의 합이 같으므로
(마름모의 네 변의 길이의 합)
$= 24$ cm입니다.
마름모는 네 변의 길이가 모두 같으므로
(마름모의 한 변의 길이)$= 24 ÷ 4 = $ **6 (cm)**입니다.

꼼꼼 풀이집 🚂

STEP **2** 응용 유형 익히기	96 ~ 103쪽

응용 **1** 5쌍	
예제 **1-1** 5쌍	예제 **1-2** 13쌍
응용 **2** 12 cm	
예제 **2-1** 12 cm	예제 **2-2** 13 cm
응용 **3** 80°	
예제 **3-1** 40°	예제 **3-2** 30°
응용 **4** 5개	
예제 **4-1** 18개	예제 **4-2** 17개
응용 **5** 6 cm	
예제 **5-1** 13 cm	예제 **5-2** 56 cm
응용 **6** 50°	
예제 **6-1** 40°	예제 **6-2** 90°
응용 **7** 12 cm	
예제 **7-1** 34 cm, 17 cm	예제 **7-2** 36 cm
응용 **8** 160°	
예제 **8-1** 144°, 36°, 18°	예제 **8-2** 10

응용 **1**
(1) 선분 ㄱㄴ과 선분 ㅁㄹ,
　　선분 ㄴㄷ과 선분 ㅂㅁ,
　　선분 ㄷㄹ과 선분 ㄱㅂ
　　→ 3쌍
(2) 선분 ㄷㅂ과 선분 ㄴㄱ,
　　선분 ㄷㅂ과 선분 ㄹㅁ
　　→ 2쌍
(3) 3+2=**5(쌍)**

예제 **1-1** 생각 열기 서로 만나지 않는 두 직선을 모두 찾습니다.

①과 ⑦, ①과 ④, ⑦과 ④,
②과 ⑥, ③과 ⑤
⇨ **5쌍**

예제 **1-2** 해법 순서
① 가로선 중에 평행한 직선이 몇 개인지 세어 보고, 평행선은 몇 쌍인지 알아봅니다.
② 세로선 중에 평행한 직선이 몇 개인지 세어 보고, 평행선은 몇 쌍인지 알아봅니다.
③ ①과 ②의 합을 구합니다.

• 가로선: 파란색으로 표시한 직선 5개가 모두 평행하므로 평행선은 10쌍입니다.
• 세로선: 빨간색으로 표시한 직선 3개가 모두 평행하므로 평행선은 3쌍입니다.
⇨ 평행선은 모두 10+3=**13(쌍)**입니다.

> **참고**
> • 직선 ①, ②, ③, ④, ⑤가 모두 평행할 때, 평행선은 몇 쌍인지 알아보기
> (①, ②), (①, ③), (①, ④), (①, ⑤),
> (②, ③), (②, ④), (②, ⑤),
> (③, ④), (③, ⑤), (④, ⑤)
> ⇨ 10쌍
> • 직선 ①, ②, ③이 모두 평행할 때, 평행선은 몇 쌍인지 알아보기
> (①, ②), (①, ③), (②, ③) ⇨ 3쌍

응용 **2** 생각 열기 평행선의 한 직선에서 다른 직선에 그은 수선의 길이를 평행선 사이의 거리라고 합니다.

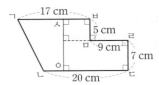

(1) 변 ㄱㅂ에서 변 ㄴㄷ에 수선 ㅅㅇ을 그을 수 있습니다.
(2) (변 ㄱㅂ과 변 ㄴㄷ 사이의 거리)
　＝(선분 ㅅㅇ의 길이)
　＝(변 ㅂㅁ의 길이)+(변 ㄹㄷ의 길이)
　＝5+7=**12 (cm)**

예제 **2-1**

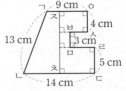

변 ㄱㅇ와 변 ㄴㄷ 사이의 수선을 그으면 선분 ㅈㅊ입니다.
(변 ㄱㅇ과 변 ㄴㄷ 사이의 거리)
＝(선분 ㅈㅊ의 길이)
＝(변 ㅇㅅ의 길이)+(변 ㅂㅁ의 길이)
　＋(변 ㄹㄷ의 길이)
＝4+3+5=**12 (cm)**

예제 **2-2** 해법 순서
① 도형의 평행선 중 거리가 가장 먼 평행선 사이의 거리를 구합니다.

② 도형의 평행선 중 거리가 가장 가까운 평행선 사이의 거리를 구합니다.

③ ①과 ②의 차를 구합니다.

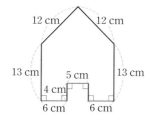

• 가장 먼 평행선은 빨간색의 두 변으로 평행선 사이의 거리는
$6+5+6=17$ (cm)입니다.

• 가장 가까운 평행선은 파란색의 두 변으로 평행선 사이의 거리는 4 cm입니다.

⇨ $17-4=\textbf{13 (cm)}$

응용 **3** (1) 직선 가와 직선 나가 서로 수직이므로
$ⓒ+40°=90°$, $ⓒ=90°-40°$, $ⓒ=50°$입니다.

(2) 일직선이 이루는 각의 크기는 180°이므로
$ⓐ+ⓒ=180°$, $ⓐ+50°=180°$,
$ⓐ=180°-50°$, $ⓐ=130°$입니다.

(3) $ⓐ-ⓒ=130°-50°=\textbf{80°}$

예제 **3-1** • 직선 가와 직선 나가 서로 수직이므로
$ⓒ+25°=90°$, $ⓒ=90°-25°$, $ⓒ=65°$입니다.

• 일직선이 이루는 각의 크기는 180°이므로
$ⓐ+90°+ⓒ=180°$,
$ⓐ+90°+65°=180°$, $ⓐ=25°$입니다.

⇨ $ⓒ-ⓐ=65°-25°=\textbf{40°}$

다른 풀이

비법 ②에서 마주 보는 각의 크기는 같으므로
$ⓐ=25°$이다. $ⓒ=90°-25°=65°$
⇨ $ⓒ-ⓐ=65°-25°=40°$

예제 **3-2** 해법 순서
① $ⓒ$의 각도를 구합니다.
② $ⓐ$의 각도를 구합니다.
③ $ⓐ$과 $ⓒ$의 각도의 차를 구합니다.

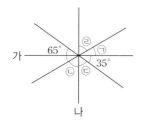

• 직선 가와 직선 나가 서로 수직이므로
$ⓒ+35°=90°$, $ⓒ=90°-35°$, $ⓒ=55°$입니다.

• 일직선이 이루는 각의 크기는 180°이므로
$55°+ⓒ+65°=180°$, $ⓒ=60°$입니다.

• $ⓐ+90°+ⓒ=180°$,
$ⓐ+90°+60°=180°$, $ⓐ=30°$입니다.

⇨ $ⓒ-ⓐ=60°-30°=\textbf{30°}$

다른 풀이

비법 ②에서 마주 보는 각의 크기는 같으므로
$ⓐ+35°=65°$, $ⓐ=30°$
$ⓔ+ⓐ=90°$, $ⓔ+30°=90°$,
$ⓔ=60°$입니다.
$ⓔ$은 $ⓒ$과 마주 보는 각이므로
$ⓒ=ⓔ=60°$입니다.
⇨ $ⓒ-ⓐ=60°-30°=30°$

응용 **4**

(1) 작은 정사각형 1개짜리: ①, ②, ③, ④ → 4개
(2) 작은 정사각형 4개짜리: ①②③④ → 1개
(3) 찾을 수 있는 크고 작은 정사각형은
$4+1=5$(개)입니다.

예제 **4-1** 생각 열기 찾을 수 있는 평행사변형 모양을 모두 알아봅니다.

• 작은 평행사변형 1개짜리
: ①, ②, ③, ④, ⑤, ⑥ → 6개

• 작은 평행사변형 2개짜리
: ①②, ②③, ④⑤, ⑤⑥, ①④, ②⑤, ③⑥
→ 7개

• 작은 평행사변형 3개짜리
: ①②③, ④⑤⑥ → 2개

• 작은 평행사변형 4개짜리
: ①②④⑤, ②③⑤⑥ → 2개

• 작은 평행사변형 6개짜리
: ①②③④⑤⑥ → 1개

⇨ 찾을 수 있는 크고 작은 평행사변형은
$6+7+2+2+1=\textbf{18}$(개)입니다.

꼼꼼 풀이집

예제 **4-2**

- 작은 이등변삼각형 2개짜리
  : ①②, ③④, ⑤⑥, ⑦⑧ → 4개
- 작은 이등변삼각형 3개짜리
  : ①②③, ②③④, ⑤⑥⑦, ⑥⑦⑧, ②①⑤,
  ①⑤⑥, ③④⑧, ④⑧⑦
  → 8개
- 작은 이등변삼각형 4개짜리
  : ①②③④, ⑤⑥⑦⑧, ②①⑤⑥, ③④⑧⑦
  → 4개
- 작은 이등변삼각형 8개짜리
  : ①②③④⑤⑥⑦⑧ → 1개

⇨ 찾을 수 있는 크고 작은 사다리꼴은
  4+8+4+1=17(개)입니다.

> **주의**
> 크고 작은 사다리꼴을 모두 찾아야 하므로 이등
> 변삼각형 여러 개로 이루어진 직사각형
> (예 ①②③④), 정사각형 (예 ①②)도 세어야 합니다.

응용 5 (1) (각 ㄱㄴㅁ의 크기)
+(각 ㄱㅁㄴ의 크기)+60°=180°,
(각 ㄱㄴㅁ의 크기)
+(각 ㄱㅁㄴ의 크기)=120°
삼각형 ㄱㄴㅁ이 이등변삼각형이므로
(각 ㄱㄴㅁ의 크기)
=(각 ㄱㅁㄴ의 크기)=60°입니다.

(2) 삼각형 ㄱㄴㅁ은 정삼각형이므로
(선분 ㄴㅁ의 길이)
=(선분 ㄱㄴ의 길이)=4 cm입니다.

(3) (변 ㄱㄹ의 길이)
=(변 ㄴㄷ의 길이)=4+2=**6 (cm)**

예제 5-1 (각 ㄹㄷㄴ의 크기)
=(각 ㄹㄱㄴ의 크기)=38°이므로
삼각형 ㄹㅁㄷ에서
(각 ㄹㅁㄷ의 크기)
=180°−71°−38°=71°입니다.
삼각형 ㄹㅁㄷ은 이등변삼각형이므로
(선분 ㄷㅁ)=(선분 ㄷㄹ)=8 cm입니다.
(변 ㄴㄷ의 길이)
=(선분 ㄴㅁ의 길이)+(선분 ㅁㄷ의 길이)
=5+8=13 (cm)

⇨ (변 ㄱㄹ의 길이)
=(변 ㄴㄷ의 길이)=**13 cm**

예제 5-2 **해법 순서**
① 빨간 선이 마름모의 변 몇 개로 되어 있는지 알
  아봅니다.
② 마름모의 한 변의 길이를 구합니다.
③ 마름모의 네 변의 길이의 합을 구합니다.

마름모의 네 변의 길이는 모두 같고 만든 도형은
마름모의 한 변 6개로 둘러싸여 있으므로 마름
모의 한 변의 길이는 84÷6=14 (cm)입니다.
⇨ (마름모 한 개의 네 변의 길이의 합)
=14×4=**56 (cm)**

응용 6 **생각 열기** 점 ㄱ에서 직선 ㄴ에 수선을 그어 삼각형
을 만들어 봅니다.

(1) 직선 나와 만나서 이루는 각이 직각이 되도록
  직선을 긋습니다.
(2) 변과 꼭짓점이 각각 3개씩인 직각삼각형
  ㄱㄴㄷ이 만들어집니다.
(3)

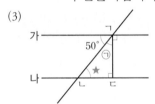

- 50°+㉠=90°, ㉠=90°−50°, ㉠=40°
- 삼각형 ㄱㄴㄷ에서 ★+90°+㉠=180°,
  ★=180°−40°−90°=50°입니다.

예제 6-1 **생각 열기** 평행한 두 직선 사이에 그은 수선은 두 직
선과 만나서 이루는 각이 90°입니다.

점 ㄱ에서 직선 나에 수선을 그어 보면 다음과
같이 직각삼각형 ㄱㄴㄷ이 만들어집니다.

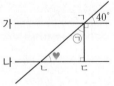

- ㉠+90°+40°=180°,
  ㉠=180°−90°−40°=50°
- 삼각형 ㄱㄴㄷ에서 ♥+90°+㉠=180°,
  ♥=180°−50°−90°=**40°**입니다.

> **다른 풀이**
> **비법 ②**에서 마주 보는 각의 크기는 같으므로
> ㉠=90°−40°=50°입니다.
> 삼각형에서 ♥=180°−50°−90°=40°입니다.

예제 **6-2** 해법 순서
① 점 ㄱ에서 직선 나에 수선을 긋습니다.
② 만들어진 도형의 각의 크기의 합을 이용하여 각 ㄱㄴㄷ의 크기를 구합니다.

점 ㄱ에서 직선 나에 수선을 그어 보면 다음과 같이 사각형 ㄱㄴㄷㄹ이 만들어집니다.

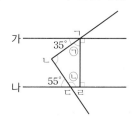

• $35°+$㉠$=90°$, ㉠$=90°-35°=55°$
• $55°+$㉡$=180°$,
  ㉡$=180°-55°=125°$
• 사각형 ㄱㄴㄷㄹ에서
  ㉠$+90°+$㉡$+$(각 ㄱㄴㄷ의 크기)$=360°$,
  (각 ㄱㄴㄷ의 크기)
  $=360°-55°-90°-125°=$**90°**입니다.

응용 **7** 생각 열기 평행사변형은 마주 보는 두 변의 길이가 서로 같습니다.

(1) 변 ㄱㄴ의 길이를 □ cm라 하면 변 ㄴㄷ의 길이가 변 ㄱㄴ의 길이보다 5 cm 더 길므로 변 ㄴㄷ의 길이는 (□$+5$) cm입니다.

(2) 평행사변형은 마주 보는 두 변의 길이가 서로 같으므로
(평행사변형 ㄱㄴㄷㄹ의 네 변의 길이의 합)
$=$□$+$□$+5+$□$+$□$+5=38$,
□$+$□$+$□$+$□$=38-10=28$,
□$+$□$+$□$+$□$=7+7+7+7$, □$=7$
⇨ (변 ㄱㄴ의 길이)$=7$ cm

(3) (변 ㄴㄷ)$=$(변 ㄱㄴ)$+5$
$=7+5=$**12 (cm)**

예제 **7-1** 생각 열기 짧은 변의 길이를 □ cm라 하면 긴 변의 길이는 (□$+$□) cm입니다.
네 변의 길이의 합이 102 cm이므로
□$+$□$+$□$+$□$+$□$+$□$=102$,
□$×6=102$, □$=17$입니다.
⇨ 짧은 변: **17 cm**,
긴 변: $17+17=$**34 (cm)**

예제 **7-2** 생각 열기 빨간 선으로 둘러싸인 부분은 평행사변형 모양입니다.

해법 순서
① 작은 점삼각형의 한 변의 길이를 구합니다.
② 빨간 선으로 둘러싸인 부분의 긴 변과 짧은 변의 길이를 구합니다.
③ 빨간 선의 길이를 구합니다.

나누기 전 평행사변형은 정삼각형의 변 12개로 둘러싸여 있으므로 정삼각형의 한 변은
$72÷12=6$ (cm)입니다.
(색칠한 부분의 긴 변의 길이)
$=6×2=12$ (cm)
(색칠한 부분의 짧은 변의 길이)
$=6$ cm
⇨ (빨간 선의 길이)
$=6+12+6+12=$**36 (cm)**

응용 **8** (1) 나누어진 2개의 삼각형은 모두 이등변삼각형이므로 $140°+$㉠$+$㉠$=180°$, ㉠$=20°$입니다.

(2) 마름모는 마주 보는 두 각의 크기가 서로 같으므로 ㉡$=140°$입니다.

(3) ㉠$+$㉡$=20°+140°=$**160°**

예제 **8-1** 생각 열기 마름모에서 이웃한 두 각의 크기의 합은 $180°$입니다.

• ㉠$+$㉡$=180°$이고 ㉠$=$㉡$+$㉡$+$㉡$+$㉡이므로 ㉠$+$㉡$=$㉡$+$㉡$+$㉡$+$㉡$+$㉡$=180°$입니다. ㉡$×5=180°$, ㉡$=$**36°**입니다.
• ㉠$=36°+36°+36°+36°=$**144°**
• 나누어진 2개의 삼각형은 모두 이등변삼각형이므로 ㉠$+$㉢$+$㉢$=180°$, ㉢$+$㉢$=36°$, ㉢$=$**18°**입니다.

예제 **8-2**

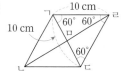

사각형 ㄱㄴㄷㄹ이 마름모이므로
(변 ㄱㄹ의 길이)$=$(변 ㄷㄹ의 길이)입니다.
(각 ㄷㄱㄹ의 각도)
$=$(각 ㄹㄷㄱ의 각도)$=60°$이므로
(각 ㄱㄹㄷ의 각도)$=60°$입니다.
삼각형 ㄱㄷㄹ은 정삼각형이므로
(변 ㄱㄹ의 길이)
$=$(변 ㄱㄷ의 길이)$=10$ cm입니다.
⇨ 똑같은 마름모이므로 □$=$**10**입니다.

꼼꼼 풀이집

01 11개   **02** 12 cm   **03** 110°

04 (예) 마름모는 마주 보는 두 각의 크기가 같으므로
(각 ㄱㄹㄷ의 크기)＝(각 ㄱㄴㄷ의 크기)＝54°
입니다. 삼각형 ㄱㄷㄹ은 이등변삼각형이므로
(각 ㄱㄷㄹ의 크기)＝(각 ㄷㄱㄹ의 크기),
54°＋(각 ㄱㄷㄹ의 크기)＋(각 ㄷㄱㄹ의 크
기)＝180°, (각 ㄱㄷㄹ의 크기)＋(각 ㄷㄱㄹ의
크기)＝126°, (각 ㄱㄷㄹ의 크기)＝63°입니다.
; 63°

05 130°   **06** 40°   **07** 1개

08 (예) 사각형 ㄱㄴㅁㄹ이 평행사변형이므로
(선분 ㄹㅁ의 길이)＝(선분 ㄱㄴ의 길이)＝5 cm
이고 삼각형 ㅁㄷㄹ은 이등변삼각형이므로
(선분 ㅁㄷ의 길이)＝(선분 ㄹㅁ의 길이)＝5 cm
입니다. (선분 ㄴㅁ의 길이)＝(선분 ㄴㄷ의 길
이)－(선분 ㅁㄷ의 길이)＝10－5＝5 (cm)
이므로 사각형 ㄱㄴㅁㄹ은 마름모입니다.
따라서 사각형 ㄱㄴㅁㄹ의 네 변의 길이의 합
은 5×4＝20 (cm)입니다. ; 20 cm

09 6 m   **10** 28 cm   **11** 45개

12 (예) 각 ㄴㄷㄹ을 □°라 하면 (각 ㄱㄴㄷ의 크기)
＝□°＋□°＋□°입니다. 평행사변형에서 이웃
한 두 각의 크기의 합은 180°이므로
□°＋□°＋□°＋□°＝180°, □°＝45°입니다.
따라서 (각 ㄱㄴㄷ의 크기)＝(각 ㄱㄴㄷ의 크기)
＝45°＋45°＋45°＝135°이므로
㉠＝180°－135°＝45°입니다. ; 45°

13 (예)
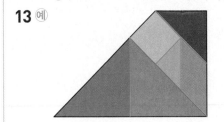

14 14번

---

01 생각 열기   변 ㄱㄴ과 서로 평행한 변을 모두 찾습니다.

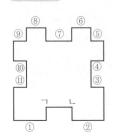
➡ 변 ㄱㄴ과 서로 평행한 변은
①부터 ⑪까지 모두 **11개**입
니다.

---

02 사각형 ㄱㄴㅁㄹ은 마주 보는 두 쌍의 변이 서로 평
행하므로 평행사변형입니다.
평행사변형은 마주 보는 두 변의 길이가 같으므로
(선분 ㄴㅁ의 길이)＝(변 ㄱㄹ의 길이)＝14 cm입
니다.
➡ (선분 ㅁㄷ의 길이)
＝(변 ㄴㄷ의 길이)－(변 ㄴㅁ의 길이)
＝26－14＝**12** (cm)

03 생각 열기   레일과 침목이 수직으로 만나는 각은 몇 도인
지 알아봅니다.

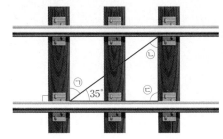

• 레일과 침목은 서로 수직이므로 ㉢＝90°입니다.
• 레일과 침목은 서로 수직이므로 ㉠＋35°＝90°,
㉠＝90°－35°＝55°입니다.
• 삼각형의 세 각의 크기의 합은 180°이므로
㉡＋35°＋㉢＝180°, ㉡＋35°＋90°＝180°,
㉡＝180°－35°－90°＝55°입니다.
➡ ㉠＋㉡＝55°＋55°＝**110°**

04 서술형 가이드   마름모의 성질을 이용하여 각의 크기를
구하는 내용이 풀이 과정에 있어야 합니다.

채점 기준	
상	마름모의 성질을 이용하여 각 ㄱㄷㄹ의 크기를 바르게 구함.
중	마름모의 성질을 이용하였으나 각 ㄱㄷㄹ의 크기를 구하지 못함.
하	마름모의 성질을 몰라 답을 구하지 못함.

05 생각 열기   평행선 사이의 거리를 나타내는 선분과 평행
선이 만나서 이루는 각은 90°입니다.

해법 순서
① 각 ㄱㄷㄹ의 크기를 구합니다.
② 각 ㄹㅁㄷ의 크기를 구합니다.
③ ㉠의 각도를 구합니다.

• 선분 ㄹㄷ과 선분 ㄱㄷ은 서로 수직이므로
(각 ㄱㄷㄹ의 크기)＝90°,
(각 ㄹㅁㄷ의 크기)＝180°－90°－40°＝50°
➡ ㉠＝180°－50°＝**130°**

06

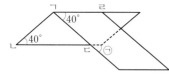

똑같은 평행사변형이므로
(각 ㄹㄱㄷ의 크기)=(각 ㄱㄴㄷ의 크기)=40°입니다. 비법 **5**에서 이웃한 두 각의 크기의 합은 180°이므로 40°+(각 ㄴㄱㄹ의 크기)=180°,
(각 ㄴㄱㄹ의 크기)=140°,
(각 ㄴㄱㄷ의 크기)=140°−40°=100°,
삼각형 ㄱㄴㄷ에서
(각 ㄱㄷㄴ의 크기)=180°−100°−40°=40°입니다.
따라서 비법 **2**에서 ㉠=**40°**입니다.

07 해법 순서
① 평행사변형을 모두 찾습니다.
② 직사각형을 모두 찾습니다.
③ ①과 ②의 수의 차를 구합니다.

• 평행사변형
: ②, ⑥, ④⑤, ①②③, ④⑤⑥,
①②③④⑤, ①②③④⑤⑥ → 7개
• 직사각형
: ⑥, ④⑤, ①②③, ④⑤⑥,
①②③④⑤, ①②③④⑤⑥ → 6개
⇨ 7−6=**1(개)**

08 서술형 가이드 평행사변형의 성질을 이용하는 내용이 풀이 과정에 들어 있어야 합니다.

채점 기준	
상	사각형 ㄱㄴㅁㄹ의 네 변의 길이의 합을 바르게 구함.
중	사각형 ㄱㄴㅁㄹ의 네 변의 길이의 합을 구하는 과정에서 실수하여 답이 틀림.
하	사각형 ㄱㄴㅁㄹ의 네 변의 길이를 구하지 못함.

09 가장 가까운 두 차선을 직선 가와 직선 나라 하고, 직선 가와 직선 나에 모두 평행한 직선 다를 그으면 다음과 같습니다.

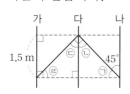

• 직선 나와 평행선 사이의 거리를 나타내는 점선은 서로 수직이므로
㉠+45°=90°, ㉠=45°
• ㉡=180°−90°−㉠=90°−45°=45°,
㉢=90°−㉡=90°−45°=45°,
㉣=180°−90°−㉢=90°−45°=45°
• 직선 다에 의해 나누어지는 두 삼각형은 모두 이등변삼각형이므로
(직선 가와 직선 다 사이의 거리)=1.5 m,
(직선 다와 직선 나 사이의 거리)=1.5 m,
(직선 가와 직선 나 사이의 거리)
=1.5+1.5=3 (m)
⇨ (가장 먼 차선 사이의 거리)
=3+3=**6 (m)**

10

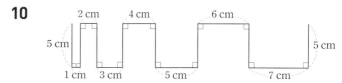

선분을 15개 그으면 길이가 5 cm인 세로선을 8개 긋고 길이가 1 cm, 2 cm, 3 cm……로 늘어나는 가로선을 7개 긋게 됩니다.
가장 먼 평행선 사이의 거리는 첫 번째 세로선과 8번째 세로선 사이의 거리입니다.
⇨ (가장 먼 평행선 사이의 거리)
=1+2+3+4+5+6+7=**28 (cm)**

11 해법 순서
① 삼각형 2개로 만들 수 있는 마름모를 모두 찾습니다.
② 삼각형 8개로 만들 수 있는 마름모를 모두 찾습니다.
③ ①과 ②의 수의 합을 구합니다.
• 작은 삼각형 2개로 만들 수 있는 마름모: 34개
• 작은 삼각형 8개로 만들 수 있는 마름모: 11개
⇨ 34+11=**45(개)**

12 서술형 가이드 각 ㄱㄴㄷ의 크기가 각 ㄴㄷㄹ의 크기의 3배인 것과 평행사변형에서 이웃한 두 각의 크기의 합이 180°라는 내용이 풀이 과정에 들어 있어야 합니다.

채점 기준	
상	각 ㄴㄷㄹ의 크기를 구해 ㉠의 크기를 바르게 구함.
중	각 ㄱㄴㄷ과 각 ㄴㄷㄹ의 합이 180°임을 알지만 ㉠의 크기는 구하지 못함.
하	각 ㄱㄴㄷ과 각 ㄴㄷㄹ의 합이 180°임을 몰라 ㉠의 크기를 구하지 못함.

꼼꼼 풀이집

13 칠교판의 큰 조각부터 사용하여 조각이 겹치거나 빈틈이 생기지 않게 만듭니다.

14

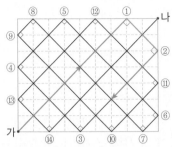

공이 나에 도착할 때까지 수선을 그어 보면 위의 그림과 같습니다. 공이 벽에 튕겨서 생긴 직각이 모두 14개이므로 공은 벽에 **14번** 튕겨야 합니다.

실력 평가

109 ~ 111쪽

01 ①, ③

02

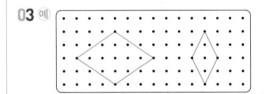

03 예

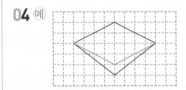

04 예

05 다, 마

06 예

07 예 선분 ㄴㅅ과 서로 수직으로 만나는 것은 선분 ㄱㅁ이므로 선분 ㄴㅅ에 대한 수선은 선분 ㄱㅁ 입니다. ; 선분 ㄱㅁ

08 (위에서부터) 5, 8, 65, 65

09 다빈

10 예 마름모는 네 변의 길이가 모두 같습니다.
따라서 만든 마름모의 한 변의 길이는
$68 \div 4 = 17$ (cm)입니다. ; 17 cm

---

11 65°   **12** 65°, 25°

13 14개   **14** 10

15 예 직선 가와 직선 나 사이의 거리는 4 cm입니다.
직선 나와 직선 다 사이의 거리는 4 cm입니다.
따라서 직선 가와 직선 다 사이의 거리는
$4 + 4 = 8$ (cm)입니다. ; 8 cm

16 7 cm   **17** 40°

18 95°   **19** 60°

20 38°

07

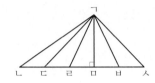

왼쪽과 같이 선분 ㄴㅅ과 만나서 이루는 각이 직각인 선분은 선분 ㄱㅁ 입니다.

서술형 가이드 선분 ㄴㅅ과 서로 수직인 선분을 찾는 풀이 과정이 들어 있어야 합니다.

채점 기준

상	수선의 정의를 이용하여 선분 ㄴㅅ에 대한 수선을 바르게 찾음.
중	선분 ㄴㅅ에 대한 수선은 찾았지만 풀이 과정이 미흡함.
하	수선의 정의를 몰라 답을 구하지 못함.

08 생각 열기 평행사변형에서 마주 보는 두 각의 크기는 서로 같고, 이웃한 두 각의 크기의 합은 180°입니다.

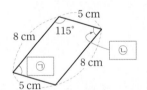

• ㉠$+115° = 180°$,
  ㉠$= 180° - 115°$,
  ㉠$= 65°$
• ㉡$=$㉠$= 65°$

09 • 경식: 한 직선과 평행한 직선은 셀 수 없이 많습니다.
• 성우: 평행선 사이의 거리는 평행선 사이의 가장 짧은 선분의 길이입니다.

10 서술형 가이드 마름모의 성질을 알고 한 변의 길이를 구하는 내용이 풀이 과정에 들어 있어야 합니다.

채점 기준

상	네 변의 길이가 같음을 알고 답을 바르게 구함.
중	네 변의 길이가 같음을 알았으나 계산 과정에서 실수하여 답이 틀림.
하	네 변의 길이가 같음을 알지 못하여 답을 구하지 못함.

11

변 ㄱㄴ과 변 ㄴㄷ이 서로 수직이므로
ⓒ=90°−55°=35°입니다.
⇨ ⓐ=180°−35°−80°=**65°**

12

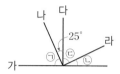

- ⓐ=90°−25°=**65°**
- ⓒ=90°−25°=65°
- ⓑ=90°−ⓒ
  =90°−65°=**25°**

13

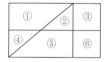

- ①, ③, ⑤, ⑥ → 4개
- ①②, ②③, ④⑤, ⑤⑥, ③⑥ → 5개
- ①②③, ④⑤⑥ → 2개
- ①②④⑤, ②③⑤⑥ → 2개
- ①②③④⑤⑥ → 1개
⇨ 4+5+2+2+1=**14(개)**

> **주의**
> 크고 작은 사다리꼴을 모두 찾아야 하므로 평행사변
> 형, 마름모, 직사각형, 정사각형 모양도 모두 세어야
> 합니다.

14

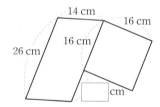

평행사변형은 마주 보는 두 변의 길이가 서로 같고,
정사각형은 네 변의 길이가 모두 같으므로
16+□=26, □=**10**입니다.

15 **서술형 가이드** 직선 가와 직선 나 사이의 거리, 직선 나
와 직선 다 사이의 거리를 더하는 내용이 풀이 과정에
들어 있어야 합니다.

> **채점 기준**
>
> | 상 | 두 쌍의 평행선 사이의 거리를 찾은 다음, 답을 바르게 구함. |
> |---|---|
> | 중 | 두 쌍의 평행선 사이의 거리는 찾았지만 계산 과정에서 실수하여 답이 틀림. |
> | 하 | 두 쌍의 평행선 사이의 거리를 찾지 못하여 답을 구하지 못함. |

16 평행사변형은 마주 보는 변의 길이가 같습니다.
변 ㄱㄴ의 길이를 □ cm라 하면
12+□+12+□=38, □+□=14, □=7입니다.
⇨ (변 ㄱㄴ의 길이)=**7 cm**

17 (변 ㄱㄴ의 길이)=(변 ㄴㄷ의 길이),
삼각형 ㄱㄴㄷ은 이등변삼각형이므로
(각 ㄴㄷㄱ의 크기)=(각 ㄴㄱㄷ의 크기)=70°,
(각 ㄱㄴㄷ의 크기)=180°−70°−70°=40°입니다.
⇨ 마름모에서 마주 보는 각의 크기는 같으므로
(각 ㄱㄹㄷ의 크기)=(각 ㄱㄴㄷ의 크기)=**40°**
입니다.

18

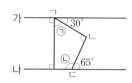

ⓐ=90°−30°=60°, ⓒ=180°−65°=115°
사각형에서 (각 ㄱㄴㄷ의 크기)
=360°−60°−90°−115°=**95°**입니다.

19

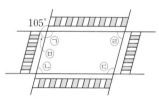

만들어진 사각형은 평행사변형입니다.
ⓜ=180°−105°=75°, ⓜ+ⓐ=180°,
ⓐ=180°−75°=105°, ⓒ=ⓐ=105°
평행사변형에서 이웃한 두 각의 크기의 합은 180°
이므로
ⓐ+ⓑ=180°, ⓑ=180°−105°=75°
ⓔ=ⓑ=75°, ⓐ+ⓒ=105°+105°=210°,
ⓑ+ⓔ=75°+75°=150°
⇨ 210°−150°=**60°**

20

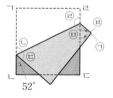

종이를 접은 것이므로
ⓑ=ⓒ입니다.
ⓑ+ⓒ+52°=180°,
ⓒ=ⓑ=64°
ⓔ=360°−64°−90°−90°=116°,
ⓔ=ⓜ=116°, ⓗ=ⓔ+ⓜ−180°=52°
⇨ ⓐ=180°−90°−52°=**38°**

꼼꼼 풀이집

STEP 1 기본 유형 익히기   118 ~ 121쪽

1-1 시각, 온도   **1-2** 2 ℃

1-3 꺾은선그래프

1-4 같은 점 예 가로는 시각을, 세로는 온도를 나타 냅니다.

     다른 점 예 막대그래프는 막대로, 꺾은선그래 프는 선으로 나타냈습니다.

1-5 1.5   **1-6** ㉢

2-1 4회   **2-2** 목요일

2-3 화요일과 수요일 사이

2-4 월요일과 화요일 사이

2-5 수, 금

2-6 12회

3-1 예 2만 명

3-2 예

3-3 키, cm   **3-4** 예 0.1 cm

3-5 예 0 cm와 21.5 cm 사이

3-6 예

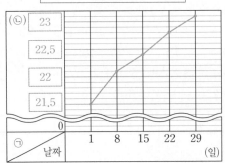

4-1 0.4 cm

4-2 예 21.5 cm

    ; 예 1~3월에 0.2 cm, 3~5월에 0.3 cm, 5~7 월에 0.4 cm 자랐으므로 0.5 cm 더 자랄 것 같습니다.

4-3 채민

4-4 예 방문자 수가 줄어드는 정도가 점점 줄어들기 때문에 18일과 비슷할 것 같습니다.

1-1 두 그래프 모두 가로는 **시각**을, 세로는 **온도**를 나타 냅니다.

> 참고
> • 막대그래프: 수량을 막대로 그린 그래프
> • 꺾은선그래프: 수량을 점으로 표시하고, 그 점들 을 선분으로 이어 그린 그래프

1-2 세로 눈금 5칸이 10 ℃를 나타내므로 세로 눈금 한 칸은 10÷5=**2** (℃)를 나타냅니다.

> 참고
> 눈금 ■칸이 ●를 나타냄.
> ⇨ (세로 눈금 한 칸의 크기)=●÷■

1-3 시간에 따른 온도 변화를 한눈에 알아보기 쉬운 그 래프는 **꺾은선그래프**입니다.

1-4 서술형 가이드 그래프의 제목, 가로와 세로, 눈금 한 칸 의 크기, 수량을 나타낸 모양 등의 표현이 들어 있어야 합니다.

> 채점 기준
> | | |
> |---|---|
> | 상 | 두 그래프의 같은 점과 다른 점을 모두 바르게 씀. |
> | 중 | 두 그래프의 같은 점과 다른 점 중 1가지만 바르게 씀. |
> | 하 | 두 그래프의 같은 점과 다른 점을 쓰지 못함. |

1-5 세로 눈금은 물결선 위로 **1.5**부터 시작합니다.

> 참고
> 가장 작은 값이 1.6 kg이므로 ㈏ 그래프는 0과 1.5 사이에 물결선을 넣어서 꺾은선그래프를 그렸습니다.

1-6 ㉠ 두 그래프의 세로 눈금 한 칸의 크기를 알아보면 ㈎ 그래프는 0.2 kg, ㈏ 그래프는 0.1 kg입니다. 0.2 > 0.1이므로 ㈎ 그래프의 세로 눈금 한 칸의 크기가 더 큽니다.

    ㉢ ㈏ 그래프는 필요 없는 부분을 물결선으로 줄여 서 나타냈기 때문에 변화하는 모습이 ㈎ 그래프 보다 잘 나타납니다.

2-1 세로 눈금 5칸이 20회를 나타내므로 세로 눈금 한 칸은 20÷5=**4**(회)를 나타냅니다.

2-2 그래프에서 점의 위치가 가장 높은 곳은 **목요일**입 니다.

2-3 생각 열기 꺾은선그래프에서 선의 기울기가 클수록 변화가 큰 것이고, 선의 기울기가 작을수록 변화가 작은 것입니다.

그래프에서 선이 가장 많이 기울어진 때를 찾으면 **화요일과 수요일 사이**입니다.

> 참고
>
> • 선의 기울기로 변화 정도 알아보기
>
>
>
> ⇨ 변화 없음.   ⇨ 변화가 작음.   ⇨ 변화가 큼.

2-4 그래프에서 선이 가장 적게 기울어진 때를 찾으면 **월요일과 화요일 사이**입니다.

2-5 생각 열기 그래프에서 점의 위치가 같은 요일을 찾습니다.

수요일과 금요일에 자전거를 대여한 횟수가 242회로 같습니다.

2-6 해법 순서
① 수요일과 월요일에 자전거를 대여한 횟수를 구합니다.
② ①에서 구한 두 횟수의 차를 구합니다.

• 수요일 대여 횟수: 242회
• 월요일 대여 횟수: 230회
⇨ $242-230=$**12(회)**

> 다른 풀이
>
> • 눈금의 칸수로 구하기
> 세로 눈금 한 칸의 크기는 2회이고, 세로 눈금은 6칸 차이가 납니다.
> ⇨ $2\times6=12$(회)

3-1 인구 수의 차가 가장 적을 때 $28-26=2$(만 명) 차이가 나므로 세로 눈금 한 칸은 **2만 명**으로 나타내면 알맞습니다.

3-2 해법 순서
① 세로 눈금을 완성합니다.
② 가로 눈금과 세로 눈금이 만나는 자리에 조사한 수를 점으로 찍습니다.
③ 점들을 선분으로 연결합니다.
④ 꺾은선그래프에 알맞은 제목을 붙입니다.

연도별 인구 수에 따라 점을 찍고, 점들을 선분으로 잇습니다.

3-3 • 가로에는 날짜를 나타내었으므로 세로에는 키를 나타냅니다.
⇨ ㉠: **키**
• ㉡에는 키의 단위인 cm를 나타냅니다.
⇨ ㉡: **cm**

3-4 산세베리아의 키를 소수 첫째 자리까지 쟀으므로 **0.1 cm**로 나타내는 것이 알맞습니다.

3-5 생각 열기 물결선은 자료값이 없는 부분에 그리면 좋습니다.

0과 21.5 사이에 자료값이 없으므로
0 cm와 21.5 cm 사이에 넣으면 좋습니다.

3-6 날짜별 키에 따라 점을 찍고, 점들을 선분으로 연결합니다.

> 참고
>
> 자료값 중에서 가장 작은 값을 찾고, 가장 작은 값도 그래프에 나타내어야 하므로 0부터 가장 작은 값인 21.5 사이를 물결선으로 나타낼 수 있습니다.

4-1 생각 열기 변화가 가장 심할 때 그래프에서 선이 가장 많이 기울어집니다.

그래프에서 선이 가장 많이 기울어진 때는 5월과 7월 사이이므로 2개월 전에 비해 키가 가장 많이 자란 때는 7월입니다.

세로 눈금 한 칸이 0.1 cm를 나타내므로 선인장의 키는 5월에 20.6 cm, 7월에 21 cm입니다.
⇨ $21-20.6=0.4$(cm)이므로 7월에는 5월보다 **0.4 cm** 더 자랐습니다.

> 다른 풀이
>
> 선인장의 키
>
> (그래프: 세로축 (cm) 21, 20.5, 20 / 0 / 가로축 키(월) 1, 3, 5, 7 (월))
>
> 늘어난 칸수 : 2칸   3칸   4칸
>
> 세로 눈금 한 칸의 크기는 0.1 cm이고, 세로 눈금은 4칸 차이가 나므로
>
> $0.1+0.1+0.1+0.1=0.4$ (cm) 더 자랐습니다.

꼼꼼 풀이집

4-2 생각 열기 그래프의 선이 오른쪽 위로 올라가고 있는지, 아래로 내려가고 있는지 살펴봅니다.

서술형 가이드 1월부터 7월까지 선인장의 키가 계속 크고 있는 것을 알고 예상하며, 이유를 설명할 수 있어야 합니다.

채점 기준

상	꺾은선그래프를 보고 9월에 선인장의 키를 예상하고 이유도 바르게 씀.
중	9월에 선인장의 키를 예상하고 이유를 썼지만 미흡함.
하	9월에 선인장의 키를 예상하지 못하고 이유도 쓰지 못함.

참고

• 선의 방향을 보고 변화하는 모양 알아보기

⇨ 늘어나고 있음.   ⇨ 줄어들고 있음.

4-3 생각 열기 꺾은선그래프에서 선의 기울기와 방향을 살펴봅니다.

• 지수: ㉮ 그래프에서 18일의 카페 방문자 수가 22명으로 가장 적고, 12일의 카페 방문자 수가 38명으로 가장 많습니다. 따라서 카페 방문자 수는 20명과 40명 사이에 있다고 할 수 있습니다.

• 채민: ㉯ 그래프의 선이 오른쪽 위로 올라가고 있으므로 방문자 수는 점점 늘어나고 있고, 선의 기울어진 정도가 커지고 있으므로 시간이 지나면서 더 빠르게 늘어나고 있습니다.

따라서 잘못 말한 사람은 **채민**입니다.

4-4 방문자 수가 줄어들고 있으므로 앞으로도 계속 줄어들 것이라고 예상할 수도 있습니다.

서술형 가이드 12일부터 18일까지 카페 방문자 수가 계속 줄어들고 있는 것을 알고 예상할 수 있어야 합니다.

채점 기준

상	꺾은선그래프를 보고 바르게 예상하여 씀.
중	꺾은선그래프를 보고 예상을 썼지만 미흡함.
하	꺾은선그래프를 보고 예상할 수 있는 것을 쓰지 못함.

STEP **2** 응용 유형 익히기   122 ~ 127쪽

응용 **1** 1.8 cm

예제 **1-1** 2.4 kg   예제 **1-2** 2920 kg

응용 **2** 예 16 ℃

예제 **2-1** 예 66명   예제 **2-2** 예 136개

응용 **3** 340, 380

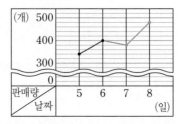

예제 **3-1** 8, 36

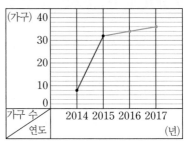

응용 **4** 4차 대회

예제 **4-1** 2017년

응용 **5** 10칸

예제 **5-1** 32

응용 **6** 0.4 cm

예제 **6-1** 5 kg

예제 **6-2** 예 약 4 kg

응용 **1**   (1) 세로 눈금 5칸이 1 cm를 나타내므로 세로 눈금 한 칸은 0.2 cm를 나타냅니다.
(2) 강낭콩의 키는 17일에 1 cm, 20일에 2.8 cm 입니다.
(3) $2.8 - 1 = 1.8 \, (\text{cm})$

다른 풀이

• 눈금의 칸수로 구하기
세로 눈금 한 칸의 크기가 0.2 cm이고, 세로 눈금은 9칸 차이가 나므로
$0.2 + 0.2 + 0.2 + 0.2 + 0.2 + 0.2 + 0.2$
$+ 0.2 + 0.2 = 1.8 \, (\text{cm})$ 자랐습니다.

예제 **1-1** 해법 순서
① 세로 눈금 한 칸의 크기를 구합니다.
② 4월과 7월의 강아지의 무게를 각각 구합니다.
③ 4월과 7월의 강아지의 무게의 차를 구합니다.

세로 눈금 5칸이 1 kg을 나타내므로 세로 눈금 한 칸은 0.2+0.2+0.2+0.2+0.2=1(kg)에 서 0.2 kg을 나타냅니다.
 • 4월: 0.8 kg • 7월: 3.2 kg
⇨ (4월부터 7월까지 늘어난 강아지의 무게)
  =(7월의 강아지의 무게)
   −(4월의 강아지의 무게)
  =3.2−0.8=**2.4 (kg)**

다른 풀이
• 눈금의 칸수로 구하기
 세로 눈금 한 칸의 크기가 0.2 kg이므로 세로 눈금 12칸 차이는
 0.2+0.2+0.2+0.2+0.2+0.2+0.2
 +0.2+0.2+0.2+0.2+0.2
 =2.4 (kg)입니다.

예제 1-2 **생각 열기** 각 연도의 배 생산량을 알아본 다음 합계 를 구합니다.

세로 눈금 5칸이 100 kg을 나타내므로 세로 눈금 한 칸은 100÷5=20 (kg)을 나타냅니다.
2014년: 780 kg, 2015년: 740 kg,
2016년: 680 kg, 2017년: 720 kg
⇨ (전체 배 생산량)
  =780+740+680+720=**2920 (kg)**

응용 2 ⑴ 세로 눈금 한 칸이 1℃를 나타내므로 교실의 온도는 오전 10시에 14 ℃, 낮 12시에 18 ℃ 입니다.
⑵ 오전 10시의 교실의 온도인 14 ℃와 낮 12시 의 교실의 온도인 18 ℃의 중간이 16 ℃이므 로 오전 11시의 교실의 온도를 **16 ℃**로 예상 할 수 있습니다.

예제 2-1 **해법 순서**
① 2014년과 2016년의 신생아 수를 구합니다.
② 2014년과 2016년의 신생아 수의 중간의 값을 예상합니다.

2014년의 신생아 수인 72명과 2016년의 신생아 수인 60명의 중간이 66명이므로 2015년의 신생 아 수를 **66명**으로 예상할 수 있습니다.

참고
2014년과 2016년의 신생아 수를 선으로 이어 서 만나는 점을 읽는 등 여러 가지 방법으로 추론 하여 예상할 수 있습니다.

예제 2-2 5월의 불량품 수인 148개와 9월의 불량품 수인 124개의 중간이 136개이므로 7월의 불량품 수는 **136개**로 예상할 수 있습니다.

응용 3 ⑴ 꺾은선그래프에서 5일의 사과 판매량은 **340** 개입니다.
⑵ (7일의 사과 판매량)
  =1600−340−400−480
  =**380**(개)
⑶ 표를 보면 7일의 사과 판매량은 380개, 8월 의 사과 판매량은 480개입니다.
 그래프의 가로 눈금과 세로 눈금이 만나는 자리에 점을 찍고 점을 선으로 잇습니다.

예제 3-1 **해법 순서**
① 그래프를 보고 2014년에 이사 온 가구 수를 구 합니다.
② 2017년에 이사 온 가구 수를 구하여 표를 완성 합니다.
③ 표를 보고 꺾은선그래프를 완성합니다.
2014년에 이사 온 가구는 8가구입니다.
(2017년에 이사 온 가구 수)
=110−8−32−34
=**36**(가구)
표를 보고 2016년과 2017년에 이사 온 가구 수 를 찾아 가로 눈금과 세로 눈금이 만나는 자리 에 점을 찍고 점들을 선으로 잇습니다.

응용 4 **생각 열기** 세로 눈금 한 칸의 크기를 구하여 각 대회 의 점수를 바르게 읽어 봅니다.
⑴ • 1차: 84+81=165(점)
  • 2차: 84.2+80.5=164.7(점)
  • 3차: 85+82.5=167.5(점)
  • 4차: 84.1+83.5=167.6(점)
⑵ 164.7<165<167.5<167.6이므로 **4차** 대 회 때의 점수가 가장 높습니다.

예제 4-1 • 2014년: 67.5+140=207.5(점)
• 2015년: 73+134=207(점)
• 2016년: 65.5+152=217.5(점)
• 2017년: 71.5+150=221.5(점)
⇨ 207<207.5<217.5<221.5이므로 **2017** 년에 점수가 가장 높습니다.

주의
두 꺾은선그래프의 세로 눈금 한 칸의 크기가 다 름에 주의하여 자료값을 바르게 구하도록 합니다.

꼼꼼 풀이집

응용 5 (1) 세로 눈금 5칸이 100개를 나타내므로 세로 눈금 한 칸은 $100 \div 5 = 20$(개)를 나타냅니다.
⇨ $520 - 420 = 100$(개)
(2) 6월과 7월의 불량품 수는 100개 차이가 나므로 세로 눈금 한 칸의 크기가 10개이면 세로 눈금은 $100 \div 10 = \mathbf{10}$(**칸**) 차이가 납니다.

예제 5-1 해법 순서
① 학생 수가 가장 많은 때와 가장 적은 때의 학생 수를 각각 알아봅니다.
② 학생 수가 가장 많은 때와 가장 적은 때의 학생 수의 차를 구합니다.
③ ②에서 구한 수를 대화에서 주어진 세로 눈금 한 칸의 크기로 나눈 몫을 구합니다.
세로 눈금 5칸이 100명을 나타내므로 세로 눈금 한 칸은 $100 \div 5 = 20$(명)을 나타냅니다.
• 학생 수가 가장 많은 때는 2014년이고 1720명입니다.
• 학생 수가 가장 적은 때는 2015년이고 1560명입니다.
⇨ (학생 수의 차) $= 1720 - 1560 = 160$(명)
따라서 세로 눈금 한 칸의 크기를 5명으로 하여 다시 그린다면 $160 \div 5 = \mathbf{32}$(**칸**) 차이가 납니다.

응용 6 예성이의 키를 나타내는 점이 처음으로 더 높아진 때는 9월입니다.
• 8월의 예성이의 키: 131.9 cm
• 9월의 예성이의 키: 132.3 cm
⇨ $132.3 - 131.9 = \mathbf{0.4}$ (**cm**)

예제 6-1 주하의 몸무게를 나타내는 점이 처음으로 더 높아진 때는 8월입니다.
• 7월의 주하의 몸무게: 32 kg
• 8월의 주하의 몸무게: 37 kg
⇨ $37 - 32 = \mathbf{5}$ (**kg**)

예제 6-2 해법 순서
① 6월 15일의 은수의 몸무게를 예상해 봅니다.
② 6월 15일의 주하의 몸무게를 예상해 봅니다.
③ ①과 ②의 차를 구합니다.
• 6월 15일의 은수의 몸무게는 6월의 은수의 몸무게인 33 kg과 7월의 은수의 몸무게인 35 kg의 중간이 34 kg이므로 34 kg으로 예상할 수 있습니다.
• 6월 15일의 주하의 몸무게는 6월의 주하의 몸무게인 28 kg과 7월의 주하의 몸무게인 32 kg의 중간이 30 kg이므로 30 kg으로 예상할 수 있습니다.
⇨ 6월 15일의 두 사람의 예상한 몸무게의 차는

$34 - 30 = 4$ (kg)이므로 **약 4 kg**으로 예상할 수 있습니다.

> **참고**
> 매월 1일에 조사한 자료이므로 6월 15일의 몸무게는 6월과 7월의 중간으로 예상할 수 있습니다.

STEP 3 응용 유형 뛰어넘기   128 ~ 132쪽

01 은서
02 지우 ;
예 그래프에서 선이 오른쪽 위로 많이 기울어졌다가 적게 기울어지는 그래프는 지우의 그래프이기 때문입니다.
03 900명
04 2015년
05 세윤, 6 cm
06 예 각 요일의 볼펜 판매량을 알아보면
월요일 72자루, 화요일 64자루,
수요일 76자루, 목요일 82자루,
금요일 80자루입니다.
따라서 5일 동안의 볼펜 판매량은
$72 + 64 + 76 + 82 + 80 = 374$(자루)입니다.
; 374자루
07 2400대
08

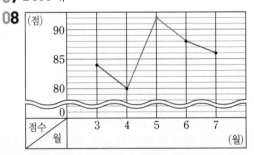

09 예 2016년   **10** 2016
11 예 2016년에 ㉮ 지역의 관광객은 3800명, ㉯ 지역의 관광객은 3400명입니다. 100명당 1억 원의 수익금이 생기므로 ㉮ 지역의 수익금은 38억 원, ㉯ 지역의 수익금은 34억 원입니다. 따라서 두 지역의 수익금의 차는 38억 - 34억 = 4억 (원)입니다. ; 4억 원
12 예 ㉯ 그래프 ; 예 병원별 진료한 환자 수를 한눈에 비교할 수 있습니다.
13 예 쌀 생산량은 큰 변화가 보이지 않는데 1인당 쌀 소비량은 계속 줄어들고 있습니다. 이대로 계속 된다면 앞으로 쌀 소비량은 계속 줄어들어 쌀이 많이 남을 것입니다.

01 생각 열기 말하는 내용에 맞게 꺾은선그래프의 선이 변하는 것을 찾아봅니다.

그래프에서 선이 오른쪽 위로 올라가다가 오후 7시부터 아래로 내려온 것은 **은서**의 체온 그래프입니다.

02 서술형 가이드 꺾은선그래프에서 선의 기울기와 체온의 변화 정도의 관계를 알고 있는지 확인합니다.

채점 기준	
상	답을 구하고 이유를 바르게 씀.
중	답을 구하고 이유를 썼으나 미흡함.
하	답을 구하지 못하고 이유도 쓰지 못함.

03 해법 순서
① 초등학생 수의 변화가 가장 큰 때를 찾습니다.
② ①에서 찾은 때의 초등학생 수의 차를 구합니다.

선이 가장 많이 기울어진 곳을 찾으면 초등학생 수의 변화가 가장 큰 때는 2015년과 2016년 사이입니다.
• 2015년의 초등학생 수: 9100명
• 2016년의 초등학생 수: 8200명
⇨ (초등학생 수의 차)=9100−8200=**900(명)**

주의

초등학생 수가 가장 많이 늘어난 때를 찾아서 2016년과 2017년 사이라고 생각하지 않도록 주의합니다. 변화가 가장 큰 때를 찾는 것이므로 선이 가장 많이 기울어진 때를 찾습니다.

다른 풀이

초등학생 수의 변화가 가장 큰 때는 2015년과 2016년 사이입니다.
세로 눈금 한 칸의 크기는 100명이고 세로 눈금은 9칸 차이가 나므로 초등학생 수의 차는 100×9=900(명)입니다.

04 생각 열기 영진이의 키를 나타내는 점이 처음으로 가장 낮아진 때를 찾습니다.

세 사람 중 영진이의 키가 처음으로 가장 작아진 때는 **2015**년입니다.

05 생각 열기 키가 가장 많이 자란 것이므로 꺾은선그래프의 선이 오른쪽 위로 가장 많이 기울어진 사람을 찾습니다.

• 그래프에서 선이 가장 많이 기울어진 사람은 세윤이므로 **세윤**이의 키가 가장 많이 자랐습니다.

• 세로 눈금 한 칸의 크기는 2 cm이고 세윤이의 그래프는 2016년과 2017년에 세로 눈금 3칸 차이가 나므로 2×3=**6 (cm)** 자랐습니다.

06 서술형 가이드 요일별 볼펜 판매량을 알고 판매량의 합을 구하는 풀이 과정이 들어 있어야 합니다.

채점 기준	
상	각 요일의 볼펜 판매량을 구하여 5일 동안의 볼펜 판매량의 합을 바르게 구함.
중	각 요일의 볼펜 판매량은 구했지만 합을 구하는 과정에서 실수하여 답이 틀림.
하	각 요일의 볼펜 판매량을 구하지 못하여 답을 구하지 못함.

07 해법 순서
① 세로 눈금 한 칸의 크기를 구합니다.
② 꺾은선그래프를 보고 2월에 터널을 이용한 자동차 수를 구합니다.
③ 표에서 4월에 터널을 이용한 자동차 수를 구합니다.

세로 눈금 한 칸이 100대를 나타내므로 2월에 터널을 이용한 자동차는 1900대입니다.
따라서 4월에 터널을 이용한 자동차는
8000−1600−1900−2100=**2400(대)**입니다.

08 생각 열기 꺾은선그래프를 완성하기 위해서는 5월의 수학 점수를 알아야 합니다.

해법 순서
① 꺾은선그래프를 보고 3월, 4월, 6월, 7월의 수학 점수를 구합니다.
② ①에서 구한 점수와 3월부터 7월까지 수학 점수의 합을 이용하여 5월의 수학 점수를 구합니다.
③ 꺾은선그래프를 완성합니다.
• 3월의 점수: 84점   • 4월의 점수: 80점
• 6월의 점수: 88점   • 7월의 점수: 86점
⇨ 84+80+(5월의 점수)+88+86=430,
(5월의 점수)=430−84−80−88−86
=92(점)
가로 눈금 5월과 세로 눈금 92점이 만나는 자리에 점을 찍고, 점들을 선분으로 연결해서 꺾은선그래프를 완성합니다.

09 생각 열기 감자와 고구마 생산량이 늘어나는 규칙을 찾아봅니다.

감자 생산량은 200 kg과 100 kg이 번갈아가며 늘어나고, 고구마 생산량은 100 kg씩 늘어납니다.

꼼꼼 풀이집

연도(년)	2013	2014	2015	2016
감자 생산량 (kg)	1800	2000	2100	2300
고구마 생산량 (kg)	2000	2100	2200	2300

▷ 감자 생산량과 고구마 생산량은 **2016년**에 같아
질 것이라고 예상할 수 있습니다.

10 생각 열기 세로 눈금 한 칸은 100명을 나타냅니다.

꺾은선그래프에서 ㉮ 지역의 관광객 수를 나타내는
점이 ㉯ 지역의 관광객 수를 나타내는 점보다 처음
으로 위로 올라간 때는 2015년이므로 2015년에 처
음으로 ㉮ 지역의 관광객 수가 ㉯ 지역의 관광객 수
보다 더 많아졌습니다.

▷ 기사는 **2016년**에 쓰인 것입니다.

11 서술형 가이드 두 지역의 관광객 수나 관광객 수의 차를
구하여 수익금의 차를 구하는 풀이 과정이 들어 있어야
합니다.

채점 기준

상	두 지역의 수익금의 차를 바르게 구함.
중	두 지역의 관광객 수나 관광객 수의 차는 구했지만 수익금의 차를 구하지 못함.
하	두 지역의 관광객 수나 관광객 수의 차를 몰라 수익금의 차를 구하지 못함.

다른 풀이

세로 눈금 한 칸의 크기는 100명이고 2016년에 두
지역의 관광객 수는 세로 눈금 4칸 차이가 나므로
400명 차이가 납니다. ▷ 수익금의 차: 4억 원

12 ㉮ 그래프는 그림그래프, ㉯ 그래프는 막대그래프,
㉰ 그래프는 꺾은선그래프입니다.

서술형 가이드 각 그래프의 장단점을 비교하여 찾은 그래
프를 알맞다고 생각한 이유를 바르게 썼는지 확인합니다.

채점 기준

상	알맞은 그래프를 찾고 이유를 바르게 씀.
중	알맞은 그래프를 찾고 이유를 썼으나 미흡함.
하	알맞은 그래프를 찾지 못하고 이유도 쓰지 못함.

13 서술형 가이드 쌀 생산량은 큰 변화가 보이지 않는데 비
해 1인당 쌀 소비량은 줄어들고 있음을 알아내어 앞으
로 변화할 모습을 예상했는지 확인합니다.

채점 기준

상	그래프를 보고 예상할 수 있는 것을 바르게 씀.
중	그래프를 보고 예상할 수 있는 것을 썼지만 미흡함.
하	그래프를 보고 예상할 수 있는 것을 쓰지 못함.

---

01 ㉯ 그래프　　　　　　**02** 10 mm

03 ㉡　　　　　　　　　**04** 4월

05 예 월, 예 양

06
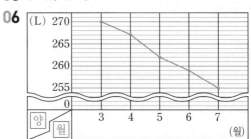

07 예 251 L ; 예 일반 쓰레기의 양이 점점 줄어들고
있기 때문에 8월에는 7월에 줄어든 양과 비슷하게
줄어들 것 같습니다.

08 예 0 cm와 133 cm 사이

09 예
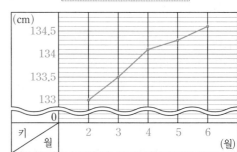

10 3월과 4월 사이　　　　**11** 1.6 cm

12 예 필요 없는 부분을 물결선으로 줄이고, 세로 눈
금 한 칸의 크기를 작게 하여 그립니다.

13 예 늘어나고 있습니다.

14 12 cm　　　　　　　**15** 다혜

16 12칸

17 예 두 그래프의 점 사이 간격이 가장 큰 때는 2009
년입니다. 경호네 마을은 4800명, 다혜네 마을
은 4400명입니다.
따라서 인구 수의 차는 4800−4400=400(명)
입니다. ; 400명

18 (위에서부터) 500, 400, 300

19 예 400개　　　　　　**20** 232200원

---

01 강수량의 변화는 꺾은선그래프가 더 알아보기 쉽습
니다.

02 세로 눈금 5칸이 50 mm를 나타내므로 세로 눈금
한 칸은 50÷5=10(mm)를 나타냅니다.

03 ㉡ 두 그래프의 가로에는 월을, 세로에는 강수량을 나타냈습니다.

04 강수량이 가장 많았던 달을 알아보려면 막대그래프에서는 막대의 길이가 가장 긴 때를 찾고, 꺾은선그래프에서는 점의 위치가 가장 높은 때를 찾습니다.

05 꺾은선그래프의 가로에 월을 나타내면 세로에는 양을 나타내고, 가로에 양을 나타내면 세로에는 월을 나타냅니다.

06 가로에는 월, 세로에는 양을 나타냈습니다.
가로 눈금과 세로 눈금이 만나는 자리에 점을 찍고, 점들을 선분으로 연결합니다.

> **참고**
>
> 필요 없는 부분인 0 L부터 255 L까지는 물결선으로 생략해서 나타낼 수 있습니다.

07 [서술형 가이드] 3월부터 7월까지 버린 쓰레기의 양이 계속 줄어들고 있는 것을 알고 예상하며, 이유를 설명할 수 있어야 합니다.

> **채점 기준**
>
> | 상 | 꺾은선그래프를 보고 8월에 버리는 쓰레기 양을 예상하고 이유도 바르게 씀. |
> |---|---|
> | 중 | 8월에 버리는 쓰레기 양을 예상하고 이유를 썼지만 미흡함. |
> | 하 | 8월에 버리는 쓰레기 양을 예상하지 못하고 이유도 쓰지 못함. |

08 [생각 열기] 가장 작은 키부터 가장 큰 키까지 모두 나타낼 수 있어야 합니다.
0과 133 사이에 자료값이 없으므로 **0 cm와 133 cm 사이에 물결선을 넣으면** 좋습니다.

09 [해법 순서]
① 가로와 세로 중 어느 쪽에 조사한 키를 나타냈는지 살펴봅니다.
② 눈금 한 칸의 크기를 정합니다.
③ 가로 눈금과 세로 눈금이 만나는 자리에 월별 키를 점으로 찍고, 점들을 선분으로 연결합니다.
④ 꺾은선그래프에 알맞은 제목을 붙입니다.

가로에는 월을, 세로에는 키를 나타냅니다.
영준이의 키를 소수 첫째 자리까지 쟀으므로 세로 눈금 한 칸은 0.1 cm로 나타냅니다.
가로 눈금과 세로 눈금이 만나는 자리에 점을 찍고, 점들을 선분으로 연결합니다.
표의 제목과 같게 제목을 붙입니다.

10

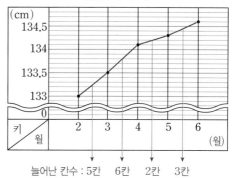

⇨ 그래프의 선이 가장 많이 기울어진 때를 찾으면 **3월과 4월 사이**입니다.

11 • 2월의 영준이의 키: 133 cm
• 6월의 영준이의 키: 134.6 cm
⇨ 134.6－133＝**1.6 (cm)**

12 [서술형 가이드] 물결선을 사용하거나 세로 눈금 한 칸의 크기를 작게 하여 그린다는 설명이 들어 있어야 합니다.

> **채점 기준**
>
> | 상 | 꺾은선그래프에서 변화하는 모양을 뚜렷하게 나타내는 방법을 바르게 설명함. |
> |---|---|
> | 중 | 꺾은선그래프에서 변화하는 모양을 뚜렷하게 나타내는 방법을 설명했지만 내용이 미흡함. |
> | 하 | 꺾은선그래프에서 변화하는 모양을 뚜렷하게 나타내는 방법을 설명하지 못함. |

13 그래프의 선이 오른쪽 위로 올라가고 있으므로 용수철이 늘어난 길이는 늘어나고 있습니다.

14 [생각 열기] 용수철이 늘어난 길이가 추의 무게에 따라 어떻게 변하고 있는지 알아봅니다.
추의 무게가 20 g 무거워질 때마다 용수철이 늘어난 길이가 2 cm씩 길어졌습니다.
⇨ 추의 무게가 100 g일 때 용수철이 늘어난 길이는 10 cm이므로 추의 무게가 120 g일 때 용수철이 늘어난 길이는 10＋2＝**12 (cm)**가 될 것이라고 예상할 수 있습니다.

15 [생각 열기] 인구 수의 변화가 가장 클 때는 꺾은선그래프의 선이 가장 많이 기울어진 때입니다.
• 경호네 마을의 인구 수의 변화가 가장 클 때는 2009년과 2010년 사이입니다.
• 다혜네 마을의 인구 수의 변화가 가장 클 때는 2010년과 2011년 사이입니다.
따라서 잘못 말한 사람은 **다혜**입니다.

16 · 2009년의 인구 수: 4800명
· 2010년의 인구 수: 4200명
(2009년과 2010년의 인구 수의 차)
=4800−4200=600(명)
⇨ 세로 눈금 한 칸의 크기를 50명으로 하여 다시
그린다면 600÷50=**12(칸)** 차이가 납니다.

17 서술형 가이드 경호네 마을과 다혜네 마을의 인구 수
의 차가 가장 큰 해를 찾고 인구 수의 차를 구하는 풀
이 과정이 들어 있어야 합니다.

채점 기준	
상	두 마을의 인구 수의 차가 가장 큰 해의 인구 수의 차를 바르게 구함.
중	두 마을의 인구 수의 차가 가장 큰 해를 찾았으나 인구 수의 차를 바르게 구하지 못함.
하	두 마을의 인구 수의 차가 가장 큰 해를 찾지 못하여 인구 수의 차를 구하지 못함.

18 해법 순서
① 수요일과 목요일에 사용한 종이컵 수는 세로 눈금
몇 칸 차이가 나는지 구합니다.
② 세로 눈금 한 칸의 크기를 구합니다.
③ 꺾은선그래프를 완성합니다.

수요일과 목요일에 사용한 종이컵 수는 세로 눈금
2칸 차이가 납니다.
40÷2=20(개)이므로 세로 눈금 한 칸은 20개를
나타내고 세로 눈금 5칸은 20×5=100(개)를 나타
냅니다.
따라서 세로 눈금의 수는 200부터 100씩 늘어나므
로 **300, 400, 500**입니다.

19 월요일에 사용한 종이컵 460개와 수요일에 사용한
종이컵 340개의 중간이 400개이므로 화요일에 사
용한 종이컵은 **400개**로 예상할 수 있습니다.

20 해법 순서
① 날짜별 지우개 판매량을 각각 구합니다.
② 5일 동안의 지우개 판매량을 구합니다.
③ 5일 동안 지우개를 판매한 금액을 구합니다.

1일: 156개, 2일: 155개, 3일: 153개,
4일: 156개, 5일: 154개
(5일 동안의 지우개 판매량)
=156+155+153+156+154=774(개)
⇨ (5일 동안 지우개를 판매한 금액)
=300×774=**232200(원)**

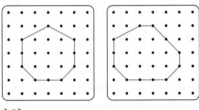

6. 다각형

STEP **1** 기본 유형 익히기   142 ~ 145쪽

1-1 ①, ④   **1-2** ( ) ( ) (◯)
1-3 오각형
1-4 예

1-5 육각형
1-6 예 다각형은 선분으로만 둘러싸인 도형인데 곡
선도 있기 때문에 다각형이 아닙니다.
2-1 8, 135
2-2 정오각형, 정육각형
2-3 정구각형
2-4 정칠각형, 49 cm
2-5 120°
2-6 72°
3-1 ㄱㄷ 또는 ㄷㄱ, ㄴㄹ 또는 ㄹㄴ, ㄹㅂ 또는 ㅂㄹ
3-2

3-3 ( ) ( ) (◯) (◯)
3-4 가, 다, 나
3-5 예 삼각형은 꼭짓점이 3개인데 3개의 꼭짓점이
모두 이웃하고 있기 때문에 대각선을 그을 수
없어.
3-6 14개
4-1 예

4-2 예 / 예 오각형은 변이 5개 있습니다.
5-1 7
5-2 예

5-3 예

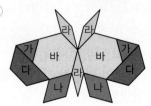

1-1 생각 열기 다각형은 선분으로만 둘러싸인 도형입니다.

① ◯ 곡선으로만 이루어져 있습니다.

④ 〈7모양〉 선분으로 둘러싸이지 않고 열려 있습니다.

1-2 생각 열기 다각형의 이름은 변의 수에 따라 정해집니다.
구각형이므로 변이 9개인 다각형을 찾습니다.

1-3 변이 5개이므로 **오각형**입니다.

1-4 • 칠각형: 변이 7개인 다각형
• 팔각형: 변이 8개인 다각형

참고

> ■각형은 변의 수와 꼭짓점의 수가 ■개로 같으므로 꼭짓점이 될 점 ■개를 선택하여 선분으로 이으면 ■각형을 쉽게 그릴 수 있습니다.

1-5 생각 열기 벌집에서 찾을 수 있는 다각형의 변의 수를 세어 봅니다.

변이 6개인 다각형이므로 **육각형**입니다.

1-6 서술형 가이드 선분으로만 둘러싸이지 않았다는 설명이 들어 있어야 합니다.

채점 기준

상	다각형의 정의를 이용하여 바르게 설명함.
중	다각형의 정의를 이용하여 설명했지만 미흡함.
하	다각형의 정의를 이용하여 설명하지 못함.

2-1 생각 열기 정다각형은 변의 길이가 모두 같고, 각의 크기가 모두 같습니다.

• 정팔각형의 한 변의 길이가 $8\,cm$이므로 나머지 변의 길이는 $8\,cm$입니다.
• 정팔각형의 한 각의 크기가 $135°$이므로 나머지 각의 크기는 **135°**입니다.

2-2 • : 변이 5개인 정다각형 ⇨ **정오각형**

• 〈육각형〉 : 변이 6개인 정다각형 ⇨ **정육각형**

2-3 • 9개의 선분으로만 둘러싸인 도형이므로 구각형입니다.
• 변의 길이가 모두 같고, 각의 크기가 모두 같으므로 **정구각형**입니다.

2-4 생각 열기 정다각형은 변의 길이가 모두 같습니다.

변이 7개인 정다각형이므로 **정칠각형**입니다.
정칠각형은 모든 변의 길이가 같으므로
모든 변의 길이의 합은 $7 \times 7 = \textbf{49 (cm)}$입니다.

2-5 왼쪽과 같이 정육각형은 사각형 2개로 나누어지므로 정육각형의 모든 각의 크기의 합은 $360° \times 2 = 720°$입니다.
⇨ ㉠ $= 720° \div 6 = \textbf{120°}$

다른 풀이

> 왼쪽과 같이 정육각형을 삼각형 4개로 나눌 수도 있습니다. 따라서 정육각형의 모든 각의 크기의 합은 $180° \times 4 = 720°$입니다.
> ⇨ ㉠ $= 720° \div 6 = 120°$

2-6 해법 순서
① 정오각형의 모든 각의 크기의 합을 구합니다.
② 정오각형의 한 각의 크기를 구합니다.
③ ㉠의 각도를 구합니다.

왼쪽과 같이 정오각형은 삼각형 1개와 사각형 1개로 나누어지므로 정오각형의 모든 각의 크기의 합은 $180° + 360° = 540°$입니다.
(정오각형의 한 각의 크기)$= 540° \div 5 = 108°$
⇨ ㉠ $= 180° - 108° = \textbf{72°}$

3-1 생각 열기 다각형에서 서로 이웃하지 않는 두 꼭짓점을 이은 선분을 대각선이라고 합니다.

서로 이웃하지 않는 두 꼭짓점을 이은 선분은 선분 ㄱㄷ, 선분 ㄴㄹ, 선분 ㄹㅂ입니다.

3-2 서로 이웃하지 않는 두 꼭짓점을 모두 선으로 잇습니다.

3-3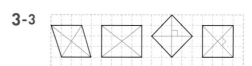

두 대각선이 서로 수직으로 만나는 사각형
: 정사각형

3-4 꼭짓점의 수가 많은 다각형일수록 더 많은 대각선을 그을 수 있습니다.

가: ⇨ 9개   나: ⇨ 2개   다: ⇨ 5개

꼼꼼 풀이집

3-5 <u>서술형 가이드</u> 삼각형은 꼭짓점이 모두 이웃하므로 대각선을 그을 수 없다는 내용이 들어 있어야 합니다.

<u>채점 기준</u>

상	대각선의 정의를 이용하여 바르게 설명함.
중	대각선의 정의를 이용하여 설명했지만 미흡함.
하	대각선의 정의를 이용하여 설명하지 못함.

3-6 변이 7개인 다각형이므로 칠각형입니다.
⇨ (칠각형의 대각선 수)
$$=(7-3)\times7\div2=\textbf{14}(개)$$

<u>참고</u>
(■각형의 대각선 수)$=(■-3)\times■\div2$

4-1 길이가 같은 변끼리 이어 붙여 여러 가지 방법으로 만들 수 있습니다.

예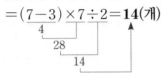

4-2 <u>서술형 가이드</u> 주어진 2가지 모양 조각을 모두 사용하여 오각형을 만들고 오각형의 특징을 썼는지 확인합니다.

<u>채점 기준</u>

상	오각형을 만든 다음 특징을 바르게 씀.
중	오각형은 만들었지만 특징을 바르게 쓰지 못함.
하	오각형을 만들지 못하고 특징도 쓰지 못함.

5-1 <u>생각 열기</u> 주어진 모양을 △ 모양으로 나누어 봅니다.
주어진 모양을 가 모양 조각으로만 채우려면 모양 조각 7개가 필요합니다.

 ⇨ **7개**

5-2 여러 가지 방법으로 모양을 채울 수 있습니다.

예

5-3 여러 가지 방법으로 모양을 채울 수 있습니다.

예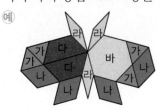

<u>STEP **2** 응용 유형 익히기</u>　146 ~ 151쪽

응용 **1** 36 cm

예제 **1-1** 다빈, 6 cm

예제 **1-2** 4개, 8 cm

응용 **2** 예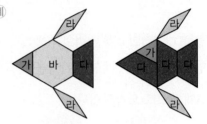

예제 **2-1** 예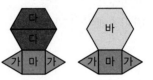

예제 **2-2** 예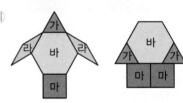

응용 **3** 6 cm

예제 **3-1** 10 cm

예제 **3-2** 28 cm

응용 **4** 6

예제 **4-1** 12

예제 **4-2** 44 cm

응용 **5** 32 cm

예제 **5-1** 24 cm　　예제 **5-2** ㄴ, ㄷ

응용 **6** 60°

예제 **6-1** 36°　　예제 **6-2** 45°

응용 **1** <u>생각 열기</u> 정다각형은 변의 길이가 모두 같습니다.
(1) (정육각형의 둘레)$=9\times6=54\,(cm)$
(2) (정십각형의 둘레)$=9\times10=90\,(cm)$
(3) 두 정다각형의 둘레의 차는
$90-54=\textbf{36\,(cm)}$입니다.

예제 **1-1** • 경식: (정오각형의 둘레)$=10\times5=50\,(cm)$
• 다빈: (정칠각형의 둘레)$=8\times7=56\,(cm)$
⇨ **다빈**이가 그린 도형의 둘레가
$56-50=\textbf{6\,(cm)}$ 더 깁니다.

<u>참고</u>
(정■각형의 모든 변의 길이의 합)
$=$(정■각형의 한 변의 길이)$\times■$　← 둘레

예제 1-2 해법 순서
① 정팔각형을 한 개 만드는 데 필요한 끈의 길이를 구합니다.
② 정팔각형을 몇 개까지 만들 수 있는지 구합니다.
③ 남는 끈은 몇 cm인지 구합니다.

(정팔각형 한 개의 둘레)$=6 \times 8 = 48$(cm)
$2\,m = 200\,cm$, $200 \div 48 = 4 \cdots 8$이므로 정팔각형을 **4개** 만들 수 있고 끈은 **8 cm**가 남습니다.

응용 2 (1) 라 모양 조각 대신 다른 모양 조각을 사용할 수 없으므로 라 모양 조각으로 채울 부분을 먼저 찾습니다.
(2) 길이가 같은 변끼리 이어 붙여 서로 다른 방법으로 모양을 채워 봅니다.

예제 2-1 길이가 같은 변끼리 이어 붙여 서로 다른 방법으로 모양을 채워 봅니다.

예제 2-2 해법 순서
① 라 모양 조각이나 가장 큰 바 모양 조각으로 먼저 채웁니다.
② ①에서 채운 곳을 중심으로 위, 아래, 왼쪽, 오른쪽에 알맞은 모양 조각을 찾습니다.

• 왼쪽: 먼저 라 모양 조각 2개를 채우고 마 모양 조각을 채운 다음 나머지 부분을 채웁니다.
• 오른쪽: 아랫부분을 마 모양 조각 2개로 채운 후 나머지 부분을 채웁니다.

응용 3 생각 열기 평행사변형의 두 대각선은 한 대각선이 다른 대각선을 반으로 나눕니다.
(1) (대각선 ㄱㄷ의 길이)$=5 \times 2 = 10$(cm)
(2) (대각선 ㄴㄹ의 길이)$=8 \times 2 = 16$(cm)
(3) (두 대각선의 길이의 차)$=16 - 10 = $**6 (cm)**

예제 3-1 해법 순서
① 대각선 ㄱㄷ의 길이를 구합니다.
② 대각선 ㄴㄹ의 길이를 구합니다.
③ 두 대각선의 길이의 차를 구합니다.
마름모의 두 대각선은 한 대각선이 다른 대각선을 반으로 나눕니다.
(대각선 ㄱㄷ의 길이)$=6 \times 2 = 12$(cm)
(대각선 ㄴㄹ의 길이)$=11 \times 2 = 22$(cm)
⇨ (두 대각선의 길이의 차)$=22 - 12 = $**10 (cm)**

예제 3-2 생각 열기 직사각형은 두 대각선의 길이가 같고 한 대각선이 다른 대각선을 반으로 나눕니다.
(대각선 ㄴㄹ의 길이)$=$(대각선 ㄱㄷ의 길이)
$\qquad = 7 \times 2 = 14$(cm)
⇨ (두 대각선의 길이의 합)$=14 + 14 = $**28 (cm)**

응용 4 (1)
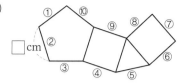
$\square$cm

⇨ 도형은 정다각형의 변 10개로 둘러싸여 있습니다.
(2) 정다각형 4개의 변의 길이는 모두 같습니다.
(정다각형의 한 변의 길이)
$\qquad = 60 \div 10 = 6$(cm)
(3) 정다각형의 한 변의 길이는 6 cm이므로 $\square = $**6**입니다.

예제 4-1
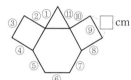
$\square$cm

도형은 정다각형의 변 11개로 둘러싸여 있고 정다각형의 변의 길이는 모두 같습니다.
(정다각형의 한 변의 길이)$=132 \div 11$
$\qquad\qquad = 12$(cm)
⇨ $\square = $**12**

예제 4-2 해법 순서
① 모양을 나누어 정사각형의 위치를 알아봅니다.
② 정다각형의 한 변의 길이를 구합니다.
③ 정사각형의 둘레를 구합니다.
도형에 선을 그어 정사각형의 위치를 알아보면

입니다.

도형은 정다각형의 변 16개로 둘러싸여 있고 정다각형의 변의 길이는 모두 같습니다.
(정다각형의 한 변의 길이)$=176 \div 16$
$\qquad\qquad = 11$(cm)
⇨ (정사각형의 둘레)$=11 \times 4 = $**44 (cm)**

응용 5 생각 열기 마름모는 네 변의 길이가 같습니다.
(1) 변 ㄱㄴ과 변 ㄱㄹ의 길이가 같으므로 삼각형 ㄱㄴㄹ은 이등변삼각형입니다.
(각 ㄱㄴㄹ)$=$(각 ㄱㄹㄴ)$=\square$라 하면
$60° + \square + \square = 180°$, $\square + \square = 120°$,
$\square = 60°$입니다.
세 각의 크기가 모두 60°이므로 삼각형 ㄱㄴㄹ은 정삼각형입니다.

(2) 마름모는 한 대각선이 다른 대각선을 반으로 나누므로

(선분 ㅁㄹ)=(선분 ㄴㅁ)=4 cm,

(변 ㄱㄴ)=(변 ㄱㄹ)=(선분 ㄴㄹ)

$\qquad$ =4+4=8 (cm)입니다.

(3) (마름모 ㄱㄴㄷㄹ의 네 변의 길이의 합)

$\qquad$ =8×4=**32 (cm)**

예제 **5-1** 생각 열기 마름모는 한 대각선이 다른 대각선을 반으로 나눕니다.

해법 순서

① 삼각형 ㄱㄴㄷ이 어떤 삼각형인지 알아봅니다.

② 선분 ㄱㄷ의 길이를 구합니다.

③ 마름모 ㄱㄴㄷㄹ의 네 변의 길이의 합을 구합니다.

마름모이므로 (변 ㄱㄴ)=(변 ㄴㄷ)이고, 두 변의 길이가 같으므로 삼각형 ㄱㄴㄷ은 이등변삼각형입니다.

(각 ㄴㄱㄷ)=(각 ㄴㄷㄱ)=□라 하면

60°+□+□=180°, □+□=120°,

□=60°입니다.

세 각의 크기가 모두 60°이므로 삼각형 ㄱㄴㄷ은 정삼각형입니다.

마름모는 한 대각선이 다른 대각선을 반으로 나누므로

(선분 ㅁㄷ)=(선분 ㄱㅁ)=3 cm,

(변 ㄱㄴ)=(변 ㄴㄷ)=(선분 ㄱㄷ)

$\qquad$ =3+3=6 (cm)입니다.

➡ (마름모 ㄱㄴㄷㄹ의 네 변의 길이의 합)

$\qquad$ =6+6+6+6

$\qquad$ =**24 (cm)**

예제 **5-2** 정사각형은 두 대각선이 서로 수직으로 만나므로 (각 ㄱㅁㄹ)=90°입니다.

➡ 삼각형 ㄱㅁㄹ은 ㉢ 직각삼각형입니다.

정사각형은 두 대각선의 길이가 같고 한 대각선이 다른 대각선을 반으로 나누므로

(선분 ㄱㅁ)=(선분 ㅁㄹ)입니다.

➡ 삼각형 ㄱㅁㄹ은 ㉡ 이등변삼각형입니다.

참고

• 정사각형에서 대각선의 성질

① 두 대각선의 길이가 같습니다.

② 두 대각선이 서로 수직으로 만납니다.

③ 한 대각선이 다른 대각선을 반으로 나눕니다.

응용 **6** 생각 열기 정다각형을 삼각형 또는 사각형으로 나누어 모든 각의 크기의 합을 구합니다.

(1) 정육각형은 사각형 2개로 나눌 수 있으므로 정육각형의 모든 각의 크기의 합은

360°×2=720°입니다.

➡ (정육각형의 한 각의 크기)

$\qquad$ =720°÷6=120°

(2) 삼각형 가는 두 변의 길이가 같으므로 이등변삼각형입니다.

㉠+120°+㉠=180°, ㉠+㉠=60°,

㉠=30°

(3) ㉡=120°−㉠=120°−30°=90°

(4) ㉡−㉠=90°−30°=**60**

예제 **6-1** 생각 열기 먼저 정오각형의 한 각의 크기를 구해 봅니다.

• 정오각형은 삼각형 3개로 나눌 수 있으므로 정오각형의 모든 각의 크기의 합은

180°×3=540°입니다.

➡ (정오각형의 한 각의 크기)

$\qquad$ =540°÷5=108°

• 삼각형 가는 이등변삼각형입니다.

108°+㉠+㉠=180°, ㉠+㉠=72°,

㉠=36°이고, 마찬가지로 ㉢=36°입니다.

• ㉡=108°−㉢=108°−36°=72°

➡ ㉡−㉠=72°−36°=**36**

예제 **6-2**

정팔각형은 사각형 3개로 나눌 수 있으므로 정팔각형의 모든 각의 크기의 합은

360°×3=1080°입니다.

➡ (정팔각형의 한 각의 크기)

$\qquad$ =1080°÷8=135°

사각형 가에서
ⓒ+135°+135°+45°=360°,
ⓒ=45°입니다.
사각형 나에서
ⓒ+45°+135°+135°=360°,
ⓒ=45°입니다.
⇨ ㉠=135°-45°-45°=**45°**

STEP 3 응용 유형 뛰어넘기 152~156쪽

01 칠각형
02 세현 ; 예 정사각형은 두 대각선이 서로 수직으로 만나고 두 대각선의 길이가 같아.
03 7개
04 가 모양 조각, 6개
05 48개
06 60 cm
07 60°
08 예 철사 한 도막의 길이는 324÷3=108(cm)입니다. 정십이각형은 길이가 같은 변이 12개입니다. 따라서 정십이각형의 한 변의 길이는 108÷12=9(cm)로 해야 합니다.
; 9 cm
09 36°
10 예 선분 ㄱㄴ의 길이는 24÷2=12(cm)입니다. 직사각형의 변 ㄱㄹ의 길이는 마름모의 긴 대각선의 길이인 24 cm와 같고, 선분 ㄱㄴ의 길이는 마름모의 짧은 대각선의 길이인 12 cm입니다. 따라서 직사각형의 둘레는 24+12+24+12=72(cm)입니다.
; 72 cm
11 12°
12 45°
13 예  ; 예 사람

14 가, 다 ;
예 한 꼭짓점을 중심으로 모인 각이 360°가 되면 평면을 빈틈없이 채울 수 있기 때문입니다.

01 변의 수를 세어 보면 3, 4, 5, 6, ☐, 8이므로 규칙은 변의 수가 1개씩 늘어나는 다각형을 그린 것입니다. 따라서 빈칸에 알맞은 다각형은 변의 수가 7개인 **칠각형**입니다.

02 서술형 가이드 틀린 부분을 바르게 고치는 내용이 들어 있어야 합니다.

채점 기준	
상	잘못 말한 사람을 찾고 틀린 부분을 바르게 고침.
중	잘못 말한 사람을 찾았으나 틀린 부분을 바르게 고치지 못함.
하	잘못 말한 사람을 찾지 못하여 틀린 부분을 바르게 고치지 못함.

03 생각 열기 홈 베이스와 1루 베이스에 대각선을 각각 그어 봅니다.

- 홈 베이스는 오각형이므로 그을 수 있는 대각선은 5개입니다.
- 1루 베이스는 사각형이므로 그을 수 있는 대각선은 2개입니다.
⇨ 5+2=**7(개)**

다른 풀이
(오각형의 대각선의 수)=(5-3)×5÷2=5(개)

(사각형의 대각선의 수)=(4-3)×4÷2=2(개)

04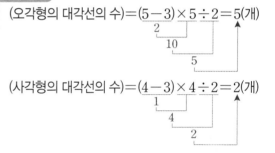

별 모양을 빈틈없이 채우려면 가 모양 조각을 12개, 나 모양 조각을 6개 사용해야 합니다.
⇨ **가 모양 조각을 12-6=6(개)** 더 많이 사용해야 합니다.

05 생각 열기 가 모양 조각으로 바 모양 조각을 채우려면 가 모양 조각이 몇 개 필요한지 알아봅니다.

바 모양 조각을 채우려면 가 모양 조각은 6개 필요합니다.
⇨ (모양을 채우기 위해 필요한 가 모양 조각 수)
=6×8=**48(개)**

꼼꼼 풀이집

06 <u>해법 순서</u>
① 선분 ㄱㄷ의 길이를 구합니다.
② 변 ㄴㄷ의 길이를 구합니다.
③ 변 ㄱㄴ의 길이를 구합니다.
④ 삼각형 ㄱㄴㄷ의 세 변의 길이의 합을 구합니다.
직사각형은 두 대각선의 길이가 같으므로
(선분 ㄱㄷ)=(선분 ㄴㄹ)=26 cm입니다.
직사각형은 마주 보는 변의 길이가 같으므로
(변 ㄴㄷ)=(변 ㄱㄹ)=24 cm이고,
변 ㄱㄴ의 길이를 □ cm라 하면
(변 ㄱㄴ)=(변 ㄹㄷ)=□ cm이므로
24+□+24+□=68, □+□=20, □=10입니다.
따라서 삼각형 ㄱㄴㄷ의 세 변의 길이의 합은
10+24+26=**60 (cm)**입니다.

07 정삼각형의 한 각의 크기는 $180°÷3=60°$이므로
㉠$=180°-60°=120°$입니다.
정육각형의 한 각의 크기는 $720°÷6=120°$이므로
㉡$=180°-120°=60°$입니다.
➡ ㉠$-$㉡$=120°-60°=$**60°**

08 <u>서술형 가이드</u> 철사 한 도막의 길이와 정십이각형의 변의 수가 풀이 과정에 들어 있어야 합니다.

<u>채점 기준</u>	
상	철사 한 도막의 길이, 정십이각형의 변의 수를 알아 답을 바르게 구함.
중	철사 한 도막의 길이 또는 정십이각형의 변의 수 중 하나를 잘못 구해 답이 틀림.
하	철사 한 도막의 길이, 정십이각형의 변의 수를 몰라 답을 구하지 못함.

09 <u>해법 순서</u>
① 정오각형의 한 각의 크기를 구합니다.
② ㉠과 ㉡의 각도를 구합니다.
③ ㉠과 ㉡의 각도의 차를 구합니다.

(정오각형의 모든 각의 크기의 합)
$=180°×3=540°$
(정오각형의 한 각의 크기)$=540°÷5=108°$
가와 나 삼각형은 이등변삼각형이므로
$108°+$㉢$+$㉢$=180°$, ㉢$+$㉢$=72°$, ㉢$=36°$입니다.

㉠$=108°-$㉢$-$㉢$=108°-36°-36°=36°$
㉡$=108°-$㉢$=108°-36°=72°$
➡ ㉡$-$㉠$=72°-36°=$**36°**

10 <u>서술형 가이드</u> 직사각형의 가로와 세로를 구하는 풀이 과정이 들어 있어야 합니다.

<u>채점 기준</u>	
상	직사각형의 가로와 세로를 구하여 직사각형의 네 변의 길이의 합을 구함.
중	직사각형의 가로와 세로를 구하였으나 답이 틀림.
하	직사각형의 가로와 세로 중 한 가지만 구함.

11 <u>해법 순서</u>
① 정육각형의 한 각의 크기를 구합니다.
② 정오각형의 한 각의 크기를 구합니다.
③ ㉠의 각도를 구합니다.
• (정육각형의 여섯 각의 크기의 합)
$=360°×2=720°$
(정육각형의 한 각의 크기)$=720°÷6=120°$
• (정오각형의 다섯 각의 크기의 합)
$=180°+360°=540°$
(정오각형의 한 각의 크기)$=540°÷5=108°$
➡ ㉠$=360°-120°-120°-108°=$**12°**

12 <u>생각 열기</u> ㉠을 한 각으로 하는 삼각형이나 사각형을 만들어 문제를 해결합니다.

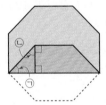

(정팔각형의 모든 각의 크기의 합)
$=360°×3=1080°$
(정팔각형의 한 각의 크기)$=1080°÷8=135°$
평행한 두 변에 수직인 선분을 그어 삼각형을 만들면 ㉡$=135°-90°=45°$입니다.
따라서 ㉠$=180°-45°-90°=$**45°**입니다.

13 나 모양 조각 1개, 다 모양 조각 2개, 라 모양 조각 4개로 사람 모양을 만들었습니다.

<u>참고</u>
• 모양 조각을 사용하여 모양을 만드는 법
① 길이가 같은 변끼리 이어 붙입니다.
② 꼭짓점이 서로 맞닿도록 이어 붙입니다.
③ 모양 조각이 서로 겹치지 않게 이어 붙입니다.
④ 모양을 돌리거나 뒤집어도 됩니다.

14

 ➡ 정삼각형의 한 각의 크기는 60°이므로 정삼각형 6개가 모여 360°가 됩니다.

 ➡ 정육각형의 한 각의 크기는 120°이므로 정육각형 3개가 모여 360°가 됩니다.

 ➡ 정오각형의 한 각의 크기는 108°이므로 360°를 만들 수 없습니다.

실력 평가   157 ～ 159쪽

01 ①, ⑤   **02** 삼각형, 사각형
03 ㉠, ㉢   **04** 정육각형
05 나, 라, 마, 바   **06** 다, 라, 바
07 ⑩ 다각형의 5개의 각의 크기가 모두 같지 않기 때문입니다.
08 칠각형   **09** ⑩
10 정팔각형
11 , 5개

12

⑩ 꼭짓점의 수가 많은 다각형일수록 더 많은 대각선을 그을 수 있습니다.

13 ⑩

14 ⑩

15 ①, ④
16 ⑩ 가는 정오각형, 나는 정칠각형입니다.
　　가의 둘레는 14×5=70(cm)이므로 나의 한 변의 길이는 70÷7=10(cm)입니다.
　　; 10 cm
17 45°   **18** 48 cm
19 162 cm   **20** 6쌍

---

01 선분으로만 둘러싸인 도형을 찾습니다.
②, ③ 곡선이 있으므로 다각형이 아닙니다.
④ 선분으로 둘러싸이지 않고 열려 있으므로 다각형이 아닙니다.

02 가는 **삼각형** 모양 조각 6개, 나는 **사각형** 모양 조각 2개로 모양을 채웠습니다.

03 ㉢ 길이가 서로 같은 변끼리 이어 붙였습니다.

04 변이 6개인 정다각형이므로 **정육각형**입니다.

05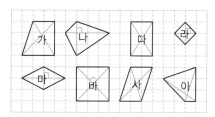

두 대각선이 서로 수직으로 만나는 사각형을 찾으면 **나, 라, 마, 바**입니다.

06 두 대각선의 길이가 같은 사각형은 직사각형, 정사각형입니다.

> **참고**
> 정사각형은 두 대각선이 서로 수직으로 만나고 두 대각선의 길이가 같습니다.

07 **서술형 가이드** 각의 크기가 같지 않다는 설명이 들어 있어야 합니다.

> **채점 기준**
>
> | 상 | 정다각형의 정의를 이용하여 바르게 설명함. |
> |---|---|
> | 중 | 정다각형의 정의를 이용하여 설명했지만 미흡함. |
> | 하 | 정다각형의 정의를 이용하여 설명하지 못함. |

08 변이 7개이므로 **칠각형**입니다.

09 **생각 열기** 평행사변형은 마주 보는 두 쌍의 변이 평행한 사각형입니다.
여러 가지 방법으로 만들 수 있습니다.

⑩ ,

10 • 선분으로만 둘러싸인 도형 → 다각형
• 변과 각이 각각 8개인 다각형 → 팔각형
• 변의 길이가 모두 같고, 각의 크기가 모두 같은 다각형 → 정다각형
➡ **정팔각형**에 대한 설명입니다.

11 서로 이웃하지 않는 두 꼭짓점을 모두 이어 대각선을 긋고 대각선의 수를 세어 봅니다.

[참고]

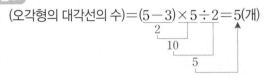

(오각형의 대각선의 수)$=(5-3)\times5\div2=5$(개)

12 [서술형 가이드] 다각형과 대각선 사이의 관계를 찾아 바르게 설명했는지 확인합니다.

[채점 기준]

상	표시된 꼭짓점에서 그을 수 있는 대각선을 모두 긋고 알게 된 점을 바르게 설명함.
중	표시된 꼭짓점에서 그을 수 있는 대각선을 모두 긋고 알게 된 점을 썼으나 미흡함.
하	표시된 꼭짓점에서 그을 수 있는 대각선을 모두 긋지 못하고 알게 된 점도 쓰지 못함.

13 여러 가지 방법으로 모양을 채울 수 있습니다.

(예)

14 여러 가지 방법으로 모양을 채울 수 있습니다.

(예)

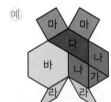 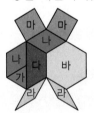

15 ② 평행사변형은 두 대각선의 길이가 다릅니다.
③ 정사각형은 두 대각선의 길이가 같습니다.
⑤ 평행사변형은 두 대각선이 수직으로 만나지 않습니다.

16 [서술형 가이드] 가의 둘레와 나의 한 변의 길이를 구하는 내용이 풀이 과정에 들어 있어야 합니다.

[채점 기준]

상	가의 둘레를 구하여 나의 한 변의 길이를 바르게 구함.
중	가의 둘레를 구했지만 나의 한 변의 길이를 구하는 과정에서 실수를 하여 틀림.
하	가의 둘레를 구하지 못하여 나의 한 변의 길이도 구하지 못함.

17 [해법 순서]
① 정팔각형의 모든 각의 크기의 합을 구합니다.
② 정팔각형의 한 각의 크기를 구합니다.
③ ㉠의 각도를 구합니다.

(정팔각형의 모든 각의 크기의 합)
$=360°\times3=1080°$
(정팔각형의 한 각의 크기)
$=1080°\div8=135°$
⇨ ㉠$=180°-135°=$**45°**

18 [해법 순서]
① 삼각형 ㄱㄴㄷ이 어떤 삼각형인지 알아봅니다.
② 선분 ㄱㄷ의 길이를 구합니다.
③ 마름모 ㄱㄴㄷㄹ의 네 변의 길이의 합을 구합니다.
삼각형 ㄱㄴㄷ은 (변 ㄱㄴ)=(변 ㄴㄷ)이므로 이등변삼각형입니다.
(각 ㄴㄱㄷ)=(각 ㄴㄷㄱ)=□라 하면
$60°+□+□=180°$, □$=60°$이므로
삼각형 ㄱㄴㄷ은 정삼각형입니다.
마름모는 한 대각선이 다른 대각선을 반으로 나누므로 (선분 ㄱㄷ)$=6\times2=12$(cm)입니다.
따라서 정삼각형 ㄱㄴㄷ에서
(변 ㄱㄴ)=(변 ㄴㄷ)=(선분 ㄱㄷ)=12 cm이므로
마름모 ㄱㄴㄷㄹ의 네 변의 길이의 합은
$12\times4=$**48 (cm)**입니다.

19 [해법 순서]
① 정사각형 모양 조각의 한 변의 길이를 구합니다.
② 만든 꽃 모양의 둘레를 구합니다.
(정사각형 모양 조각의 한 변의 길이)
$=36\div4=9$(cm)
만든 꽃 모양은 정사각형의 변 18개로 둘러싸여 있으므로 둘레는 $9\times18=$**162 (cm)**입니다.

20 [생각 열기] 정육각형에 대각선을 모두 그어 보고 서로 수직으로 만나는 것을 찾아봅니다.

(선분 ㄱㄹ, 선분 ㄴㅂ), (선분 ㄴㅁ, 선분 ㄱㄷ),
(선분 ㄷㅂ, 선분 ㄴㄹ), (선분 ㄱㄹ, 선분 ㄷㅁ),
(선분 ㄹㅂ, 선분 ㄴㅁ), (선분 ㄱㅁ, 선분 ㄷㅂ)
⇨ **6쌍**

#끊어읽기

#문해력 어휘 백과

#문장제

#교과서 구하려는 것

Q 문해력을 키우면 정답이 보인다

초등 문해력 독해가 힘이다
문장제 수학편 (초등 1~6학년 / 단계별)

짧은 문장 연습부터 긴 문장 연습까지
문장을 읽고 이해하여 해결하는 연습을 하여
수학 문해력을 길러주는 문장제 연습 교재

참 잘했어요

수학의 모든 응용 문제를 풀 정도로
실력이 성장한 것을 축하하며
이 상장을 드립니다.

이름 _____

날짜 _____ 년 _____ 월 _____ 일

수학 전문 교재

● 연산 학습

빅터연산　　　　　　　　　　　　　　　　　예비초~6학년, 총 20권

창의융합 빅터연산　　　　　　　　　　　　예비초~4학년, 총 16권

● 개념 학습

개념클릭 해법수학　　　　　　　　　　　　1~6학년, 학기용

● 수준별 수학 전문서

해결의법칙(개념/유형/응용)　　　　　　　1~6학년, 학기용

● 단원평가 대비

수학 단원평가　　　　　　　　　　　　　　1~6학년, 학기용

● 단기완성 학습

초등 수학전략　　　　　　　　　　　　　　1~6학년, 학기용

● 상위권 학습

최고수준 S 수학　　　　　　　　　　　　　1~6학년, 학기용

최고수준 수학　　　　　　　　　　　　　　1~6학년, 학기용

최강 TOT 수학　　　　　　　　　　　　　　1~6학년, 학년용

● 경시대회 대비

해법 수학경시대회 기출문제　　　　　　　1~6학년, 학기용

예비 중등 교재

● 해법 반편성 배치고사 예상문제　　　　6학년

● 해법 신입생 시리즈(수학/영어)　　　　6학년

맞춤형 학교 시험대비 교재

● 열공 전과목 단원평가　　　　　　　1~6학년, 학기용(1학기 2~6년)

한자 교재

● 해법 NEW 한자능력검정시험 자격증 한번에 따기　　6~3급, 총 8권

● 씸씸 한자 자격시험　　　　　　　　　　　　　　　8~5급, 총 4권

● 한자 전략　　　　　　　　　　　　　　　　　　　8~5급Ⅱ, 총 12권

우리 아이만
알고 싶은
상위권의
시작

최고를
경험해 본 아이의 성취감은
학년이 오를수록
빛을 발합니다

완 성

최고수준

초등수학

5-2

* 1~6학년 / 학기 별 출시
동영상 강의 제공